Original Japanese title : TODAI · KYODAISEI GA KISOTOSHITE MANABU
SEKAI WO KAETA SUGOI SUSHIKI
Copyright © 2023 Tomishima Yusuke
c/o The Appleseed Agency Ltd.
Original Japanese edition published by Asahi Shimbun Publications Inc.
Korean translation rights arranged with Asahi Shimbun Publications Inc. through The
English Agency (Japan) Ltd. and AMO AGENCY

세상을 바꾼 수식

세상을 바꾼 수식

펴낸날 2024년 8월 20일 1판 1쇄

지은이 도미시마 유스케
옮긴이 강태욱
펴낸이 김영선
편집주간 이교숙
책임교정 나지원
교정·교열 정아영, 이라야
경영지원 최은정
디자인 박유진·현애정
마케팅 신용천

펴낸곳 미디어숲
주소 경기도 고양시 덕양구 청초로66 덕은리버워크 B동 2007~2009호
전화 (02) 323-7234
팩스 (02) 323-0253
홈페이지 www.mfbook.co.kr
출판등록번호 제 2-2767호

값 22,000원
ISBN 979-11-5874-226-3(03410)

(주)다빈치하우스와 함께 새로운 문화를 선도할 참신한 원고를 기다립니다.
이메일 dhhard@naver.com (원고투고)

사물의 본질을
꿰뚫어 보는 위대한 수식들

세상을 바꾼 수식

도미시마 유스케 지음 | 강태욱 옮김

미디어숲

이 책의 목적은 '수식 독해력을 길러서 창조적인 사람이 되자'입니다. **'수식 독해력'은 이 책의 독자적인 표현으로, 수식을 통해 사물의 본질을 꿰뚫어 보는 능력을 가리킵니다.**

창조성은 본질을 꿰뚫어 보는 힘에서 탄생합니다. 본질이란 사물을 움직이는 숨겨진 법칙을 의미합니다.

노벨 경제학상을 수상한 프린스턴 대학교의 앵거스 디턴[Angus Deaton] 교수는 연 소득과 행복의 관계를 조사하였고, 연 소득이 7만 5,000달러를 넘으면 그 이후로는 연 소득이 올라도 행복지수는 별로 증가하지 않는다는 점을 발견했습니다. 이렇게 숨겨진 법칙을 발견함으로써 돈만 있으면 행복해질 수 있다는 세간의 상식은 변하기 시작했습니다.

평소에 우리가 보고 듣는 것의 이면에 있는 법칙을 발견하는 순간, 생각지도 못한 발상이 탄생하며 새로운 무언가가 창조됩니다. 수식은 이러한 법칙을 발견하여 전달하는 강력한 무기입니다. 현대에 존재하는 창조적인 시스템은 대부분이 고도의 수식으로 이루어져 있습니다.

현대에서 말하는 창조성의 원천은 "수식"입니다.

수식에는 세상을 바꾸는 힘이 있습니다. 하지만 실제 사례를 제시하지 못하면 납득하기 어려울 것입니다. 그래서 이 책은 구체적으로 어떤 수식이 어떤 방식으로 창조성을 발휘하고, 어떻게 세상을 바꾸는지를 9가지 사례로 설명합니다.

현대에서 말하는 창조성의 원천을 수식이라고 하는 이유가 무엇일까요? 자세한 내용은 프롤로그에서 다루겠지만, 짧게 설명하겠습니다.

수식 독해력으로 길러지는 사고력의 포인트는 여분을 덜어 내고 본질을 드러내게 하는 'Simple is best'에 있습니다. 세상의 위대한 발명과 발견은 수식이라는 렌즈를 통해 사물의 본질을 보게 되면서 이루어진 것이 정말 많습니다. **수식은 '본질을 보기 위한 돋보기'라고 할 수 있습니다.**

이 책은 지금 당장 세상에 변화를 일으키는 다양한 수식의 이야기를 들려줍니다. AI, 예술, 태양광 발전, 자금 운용, 우주 등 다양한 분야를 망라하며 분야마다 사용하는 수식도 전부 다릅니다. 하지만 수식이 세상을 바꾸는 프로세스는 항상 동일합니다. 저는 이를 **'수식의 창조 사이클'**이라고 부릅니다('수식의 창조 사이클'은 프롤로그에서 자세히 설명하겠습니다).

수식이 가진 힘의 원천은 극한의 객관성에서 나옵니다. 말은 같은 문장이라도 문화에 따라, 사람에 따라 받아들이는 방식이 다를 수 있습니다. 여러분도 자신의 발언이 의도한 것과 다르게 받아들여지고 나서 '그런 뜻으로 말한 게 아닌데…!'라고 생각한 적이 있을 것입니다.

그러나 수식은 이럴 일이 없습니다. 수식은 진짜 의미 그대로 세계 공용어입니다. 지금까지 미해결 상태였던 것을 세상의 누군가가 해결하여 수식으로 만들면, 이를 보기만 해도 모든 인류가 그 본질을 이해할 수 있게 됩니다. 그 영향력은 나라를 초월하여 전 세계로 뻗어 나가고 100년 후, 1000년 후의 인류에게도 도달합니다. 수식은 문화, 정치 제도, 법률의 영향을 전혀 받지 않는 극한의 객관성을 지니기 때문입니다.

수식은 누구에게나 같은 의미가 있기 때문에 사람들의 행동을 바꾸는 크나큰 힘을 가집니다.

수식이 세상을 크게 바꾸고 있다는 최근 사례 중 하나인 '인공지능' 이야기를 해 보겠습니다.

여러분은 인공지능을 잘 알고 계신가요? 인공지능이란 지적 판단과 행동을 인간을 대신하여 해 주는 영리한 컴퓨터 프로그램을 뜻합니다. 영어로는 Artificial(=인공의) Intelligence(=지능)라고 쓰며, 앞 글자를 따서 AI라고 부릅니다.

AI를 이용한 상품은 이미 여러분 주변에 존재합니다. 잘 알려진 것으로는 사람의 음성을 인식하여 음악과 영상을 재생하며 가전제품도 조작할 수 있는 알렉사, 로봇 청소기 룸바, 학습한 데이터를 사용하여 새로운 콘텐츠를 만드는 '생성형 AI' 기술로 우리의 다양한 질문에 대답하는 ChatGPT 등이 있습니다.

알렉사는 사람이 말로 내리는 지시에 따라 움직입니다. 예를 들어 "알렉사, 다녀올게."라고 말하면 알렉사는 목소리를 낸 사람이 외출한다고 판단하여 집 내부의 모든 불을 끕니다. 로봇 청소기 룸바는 장애물을 어떻게 피할지 스스로 판단하면서 청소를 합니다. ChatGPT는 인간이 쓰는 다양한 언어를 그대로 이해하고 다양한 질문에 대답하며 지시에 응합니다. 앞의 사례들 모두 스스로 판단하여 행동하는 '지능'을 가지고 있습니다. 인간이 인공적으로 만든 지능이므로 인공지능이라고 부릅니다.

최근에는 그림을 그리는 AI가 등장하여 미술계에서 화제가 되었습니다. '돌고래와 바다'처럼 키워드를 입력하면 키워드 내용에 맞는 그림을 AI가 순식간에 그려 줍니다. 이러한 AI는 고도의 수학을 바탕으로 설계되어 있으므로 비유하자면, 수식 덩어리라고 할 수 있습니다. 예를 들면 ChatGPT나 그림을 그리는 AI는 인공신경망이라고 부르는 기술을 사용하는데, 이 책의 Chapter 1에서 소개하는 수식이 사용됩니다.

　AI 성능은 점점 향상되고 있으며 일부 분야에서는 이미 인간을 뛰어넘은 능력을 지니고 있습니다. 수식에서 AI가 탄생하고, 탄생한 AI는 세상을 바꾸고 있습니다.

　설계의 바탕이 된 수식을 모른다고 하여도, 컴퓨터와 스마트폰에 키워드를 입력하기만 하면 그림을 그려 주는 AI나 ChatGPT를 사용할 수 있지 않으냐는 생각이 들지도 모릅니다. 알렉사와 룸바 모두 조작이 아주 간편합니다. 따라서 당연하게도 평소에 사용할 때 배경에 있는 수식의 존재 따위는 생각도 나지 않을 것입니다.

　그러나 잠시 멈추고 생각해 보세요. 우리는 영리하고 뛰어난 아이디어를 가진 누군가가 편리한 제품을 만들기를 기다렸다가 사용만 합니다. 간편합니다. 하지만 사회가 발전하기 위해서는 다른 사람이 해 주는 것에 안주하지 않고 스스로 새로운 가치를 만들고자 하는 힘을 길러야 할 필요가 있습니다.

　물론 수식을 사용하여 발명하고 '혁명'을 일으키는 일은 간단하지 않습니다. 하지만 **편리함을 만드는 숨겨진 시스템을 알고자 하는 자세는, 우리가 주체가 되어 책임을 지고 선택하여 사용한다는 의식을 들게 한다는 점에서 아주 중요합니다. 그 자세는 새로운 아이디어로 이어질 수 있습니다.**

일본은 과거에 워크맨, 게임보이 등 전 세계에서 그 누구도 생각하지 못한 제품을 만들어 세상을 놀라게 했습니다. 하지만 어느새 그 창조성은 사라지고 말았고, 현재는 다른 나라에서 제품을 구매하여 사용하는 일이 많아졌습니다. 새로운 것을 만들지 못하고, 0을 1로 만들지 못하는 나라는 언젠가 세상에서 완전히 잊히지 않을까 걱정입니다.

과거에 존재했던 창조성을 되찾기 위해서는 어떻게 해야 할까요?

저는 이 책에서 주장하는 '수식 독해력'이 그 열쇠를 쥐고 있다고 생각합니다. AI와 스마트폰을 개발한 사람들, **다시 말해 0에서 1을 만든 사람들은 수식을 읽는 힘을 지니고 있었고, 수식과 가까이 지내며 세상을 바꾸기 시작했습니다.** 수식은 창조성의 원천이며 수식을 통해 무언가를 만들 수 있는 존재는 수식 독해력을 지닌 인간입니다.

정리하면 이렇습니다.

수식 독해력 = 창조성

매일 나오는 뉴스를 보면 현대의 창조성은 수식이 담당하고 있다는 사실을 아주 잘 알 수 있습니다.

우주 로켓의 진행 방향을 계산할 때는 칼만 필터와 파티클 필터라는 이름의 통계학 수식을 응용합니다. 자율주행 자동차는 '베이즈 정리'라고 부르는 수식을 사용하여 상황을 판단하고 주행합니다. 생명보험과 손해보험의 보험료를 정하는 계산에는 고등학교 수학에서 기본으로 배우는 미적분과 확률론 등이 심화된 수식을 이용합니다.

하늘을 나는 드론이 자세를 일정하게 유지하기 위해 특정 프로펠러를 어떻게 회전해야 하는지 계산할 때는 미적분의 수식을 사용합니다. 사람의 심장박동 속도 및 횟수는 수학의 한 분야인 '카오스 이론'의 수식을 따른다는 것이 밝혀졌으며, 이러한 법칙성을 깨달았기 때문에 인공 심장의 연구도 진행되고 있습니다.

현대 사회의 발전과 새로운 발견에는 이처럼 수식이 연관되어 있는 경우가 아주 많습니다.

수식과 친해지는 것은 창조성으로 향하는 문을 여는 일과 같습니다. 그렇다고 해서 까다로운 수식을 스스로 풀 필요는 없습니다. 중요한 것은 수식을 푸는 테크닉이 아니라 수식에 숨겨진 사물의 본질을 꿰뚫어 보는 힘입니다.

수식은 원래 인간의 사고를 돕기 위한 도구이며, 수식의 근본적인 발상은 아주 직관적입니다. 근본적인 발상만 이해한다면 수식은 무섭지 않습니다. 이 책은 이러한 근본적인 발상에 주목하고자 합니다.

이 책이 수학 능력 대신에 군이 '수학 독해력'을 테마로 삼은 이유이기도 합니다. 수학 능력은 수학에 관한 각종 능력을 말합니다. 수학 독해력(수식을 통하여 사물의 본질을 꿰뚫어 보는 힘)이 그 안에 포함되지만, 수학 능력 안에는 계산 능력(스스로 수식을 푸는 능력)과 수식 구축 능력(자기 생각을 수식으로 나타내는 능력)도 포함되어 있습니다.

이를 종합하는 능력인 '수학 능력'은 필자처럼 수학을 활용하는 전문직에는 필요하지만 모든 사람에게 중요하다고 볼 수는 없습니다. 대다수의 사람에게, 창조성을 높여 인생을 풍요롭게 만드는 무기는 '수식 독해력'입니다.

저는 수학을 활용하여 금융 시장을 분석하는 '퀀트' 업무를 맡고 있습니다. 주요 업무 내용은 통계학과 인공지능을 사용하여 주식에 투자하고 자금을 늘리는 것입니다.

최근에 이 일을 하면서 감명을 받은 적이 있습니다.

하루는 업무 성과를 미국의 그룹 회사 임원에게 설명할 기회가 있었습니다. 예상을 아득히 뛰어넘는 날카롭고 전문적인 질문이 비오듯 쏟아지는 바람에 당황했습니다. 임원급에서 이 정도로 수리적이고 전문적인 질문이 나올 것이라고 전혀 예상하지 못했습니다(보충하자면 그 임원은 투자 전문가이지만 수식은 잘 알지 못합니다).

결국 주어진 시간 내로 질의응답을 마치지 못했고, 다음 면회가 예정되어 있던 부장 일행이 회의실로 들어오면서 그날은 상황이 종료되었습니다. 하지만 그 이후로도 메일과 서면으로 이야기를 주고받았고 추가 미팅을 통해 설명을 보충하였습니다.

이러한 일을 겪고 나니 스페이스X와 테슬라 등 세계적으로 유명한 기업의 유능한 경영가로 잘 알려진 일론 머스크의 일화가 떠올랐습니다.

일론 머스크는 우주 기업의 CEO가 되자마자, 현장으로 직접 찾아가서 엔지니어들에게 기술적인 질문을 꼬치꼬치 캐물었다고 합니다. 그리고 결국 일론 머스크는 로켓 공학의 전문가라고 할 수 있을 정도의 전문 지식을 익혔다고 합니다.

지위가 높아도, 수식을 잘 몰라도 과감하게 배우려는 자세. 본받아야겠다고 생각했습니다. 질의응답과 추가 미팅을 거쳤지만 저의 투자 전략에 사용되는 수식을 그 임원이 직접 풀 수 있게 된 것은 아닙니다. 하지만 그는 투자 전략의 본질을 이해하기 위해 수식에 도전했고, 실제로 이해하는 데 성공했습니다.

그는 그때 채용된 투자 전략을 바탕으로 하여 자금을 운용하고 있습니다.

일본의 수학 교육은 공식을 대입하여 정확히 계산하는 연습을 수없이 반복합니다. 그러나 수식을 누가 어떤 생각으로 만들었는지, 세상에 어떻게 도움을 주고 있는지도 모른 채 단순한 계산 연습만 반복하는 것은 대부분의 사람에게 고통입니다. 대다수의 학생은 수학이 재미없다고 느낄 것입니다. 너무나도 아쉬운 일입니다.

　수식은 만드는 것도 사용하는 것도 모두 인간입니다. 수식은 우리가 사물의 본질을 꿰뚫어 보는 렌즈로써 도움이 되는, 우리에게 꼭 필요한 존재이자 가능성을 품은 흥미로운 존재입니다. 이 책을 통하여 이러한 사실을 느끼는 계기가 되었으면 하는 것이 저의 바람입니다.

　반복해서 말하지만 직접 수식을 풀지 못해도 괜찮습니다. 저처럼 수식을 사용하는 것이 주요 업무인 사람도 있기는 하지만, 이렇게 수식을 활용하는 업무의 의의를 이해하고 지원해 줄 수만 있다면 아주 큰 도움이 될 것입니다.

　최근, 어느 외국계 대기업의 영업 부장과 이야기를 나눌 기회가 있었습니다. 일본 기업의 데이터 및 최신 테크놀로지 활용 능력이 다른 나라보다 크게 뒤처지는 가장 큰 이유는 사내의 문과 인재와 이과 인재를 연결하는 '중간 다리'가 없기 때문이라고 하였습니다.

　이과 인재가 기술이나 아이디어를 가지고 있어도 이를 실현시키기 위해서 협력해야 하는 다른 부서에는 이해할 수 있는 사람이 거의 없고, 둘 사이의 커뮤니케이션을 지원할 '중간 다리'도 없습니다. 결국 좋은 아이디어가 비즈니스로 이어지지 못하는 상황이 흔하게 일어난다고 합니다.

사실 수식을 사용하지 못하더라도, 이과 기술자와 연구자들의 설명을 100% 이해하지 못하더라도 아이디어를 듣고자 하는 관심만 있다면 중간 다리 역할을 할 수 있습니다. 그 역할에도 관심이 갈 것입니다.

아이디어의 배경에 있는 수많은 수식의 존재에 관심을 가지다 보면, 이 아이디어가 현실이 되고 '그들'이 활발하게 움직이며 세상에 없던 것들이 탄생합니다. 이 책을 다 읽은 여러분은 분명 이런 상상으로 가슴이 두근거릴 것입니다.

어쩌면 회사 안의 문과 인재와 이과 인재를 연결하거나, 회사 바깥의 IT 기업과 핀테크 기업과 함께 아이디어를 구체화하는 사람이 될지도 모릅니다. **"수식 독해력+조정하는 능력"이 비즈니스 기회로 이어지는 것입니다.** 혁신을 추구하는 현대이기 때문에 수학적 시점이 중요합니다.

이 책을 통해서 여러분이 수학과 가까이 지냈으면 좋겠습니다. 학교의 수학 수업과 수험 공부에 질려 버린 사람, 수학이 껄끄럽게 느껴지는 학생도 꼭 한 번 읽어 보세요. 수식에 숨겨진 생각과 수식이 세상에서 활용되는 모습을 알게 되면 분명 수학 공부가 더 재미있어질 것입니다.

마지막으로 이 책을 어떻게 읽으면 좋을지 조금 보충하여 설명하겠습니다.

이 책은 먼저 프롤로그에서 이 책 전체의 핵심이 되는 생각을 전달합니다. 그리고 이어지는 Chapter 1에서 9까지 구체적인 사례를 소개합니다. 먼저 프롤로그를 읽는 것을 권장하지만 이어지는 Chapter 1부터 9까지 각 내용은 거의 독립되어 있으므로 순서에 상관없이 읽어도 무방합니다.

관심이 가는 Chapter만 읽어도 전체 이해에 지장이 가지 않도록 만들었습니다. 이렇게 읽는 것도 괜찮습니다.

그래도 수많은 사례 중에서도 알짜배기 이야기로만 엄선하여 구성했으니 될 수 있으면 전부 읽는 것을 추천합니다.

수식을 이해하는 요령은 복잡해 보이는 겉모습에 겁먹지 말고 '그 수식이 나타내는 사물의 본질은 무엇인가'라는 생각에 의식을 집중하는 것입니다. 수식의 속삭임에 귀를 기울여 보세요. 앞으로 함께 창조적인 수식의 세계로 여행을 떠나 봅시다!

저자 도미시마 유스케

차 례

Chapter 2
수식으로 배우는 인간의 손해와 이득 판단
행동경제학은 여기서 시작되었다

▶ 이 장에서 소개하는 수식　　　　　　$v(x) = \begin{cases} x^\alpha & (x \geqq 0) \\ -\lambda\,(-x)^\beta & (x < 0) \end{cases}$

Chapter 3
가상현실을 아주 리얼하게 만든 수식
메타버스의 세계는 이것으로 만든다

▶ 이 장에서 소개하는 수식　　　　　　$q = a + bi + cj + dk$

Chapter 4
돈을 '창조하는' 수식
투자를 도박과 선을 긋는 존재로 만들었다

▶ 이 장에서 소개하는 수식 $E(R) = r + \beta_1\lambda_1 + \beta_2\lambda_2 + \cdots + \beta_n\lambda_n$

Chapter 5
수식이 구축한 모바일 통신이 당연한 생활
스마트폰도 이것이 없으면 사용할 수 없다

▶ 이 장에서 소개하는 수식 $\sin\theta \quad \cos\theta$

Chapter 6
수식으로 인류는 우주를 향해 날아갔다
로켓을 발사하는 시스템

▶ 이 장에서 소개하는 수식   '질량×속도'의 총합 = 일정한 값

Chapter 7
이 수식 덕분에 자율주행 자동차는 안전하게 달린다
정보를 계속 업데이트하는 기술

▶ 이 장에서 소개하는 수식   사후 확률 = 새로운 데이터의 영향×사전 확률

Chapter 8
수식이 운반한 깨끗한 에너지
태양광 발전의 발명으로 이어졌다

▶ 이 장에서 소개하는 수식　　　　　　　K = E - W

Chapter 9
수식은 아티스트였다!
인물, 지형, 식물에서도 발견된다

▶ 이 장에서 소개하는 수식　　　　　$z_{n+1} = z_n^2 + c$　　$z_1 = 0$

나오며

Prologue

수식은 어떻게 세상을 바꾸는가

ROE = 이익 ÷ 주주 자본

수식이라는 렌즈로 무엇이 보일까?

앞서 말한 것처럼 수식 독해력으로 길러진 사고력은 잉여 부분을 버리고 본질을 드러내게 하는 'Simple is best'가 장점입니다. 세상의 다양한 과제를 수식이라는 렌즈를 통해서 바라보면 그 본질이 드러나며 해결책이 떠오르거나 뜻밖의 응용 방법을 깨닫게 됩니다. 인류의 문명은 이러한 과정을 거치며 진보하였습니다.

현재도 마찬가지로 세상은 수식을 엔진으로 삼으며 진보를 이어 나가고 있습니다. **수식은 '본질을 보기 위한 돋보기'입니다.**

이 책에서 앞으로 소개할 수식은 모두 현재 세상을 바꾸는 것들입니다. 분야도 수식도 다양하지만, 세상을 바꾸는 모든 프로세스는 앞서 얘기한 **'수식의 창조 사이클'**에 들어맞습니다.

[도표 0-1]을 확인해 봅시다. 세상은 어려운 과제와 복잡한 문제로 가득합니다. 그리고 그 과제를 해결하기 위해 노력하는 사람, 복잡한 문제를 이해하기 위해 배움에 정진하는 사람이 있습니다. 이러한 사람들은 '본질을 보는 돋보기'인 수식을 구사하여 핵심에 다가가고자 합니다. 그들은 발견한 법칙성을 새로운 수식으로 나타내고 논문과 책으로 세상에 전달합니다.

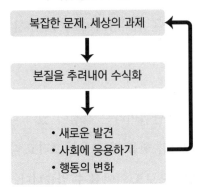

수식의 창조 사이클

복잡한 문제, 세상의 과제

↓

본질을 추려내어 수식화

↓

- 새로운 발견
- 사회에 응용하기
- 행동의 변화

[도표 0-1] 수식이 세상을 바꾸는 구조

이렇게 탄생한 수식을 배움으로써 온 세상 누구나 똑같은 본질을 꿰뚫어 볼 수 있습니다. **수식은 언어와 달리 누구에게나 똑같은 의미를 지니기 때문입니다.**

$y=3x+1$이라는 수식을 예시로 들어 보겠습니다. 이 수식은 세상 모든 사람이 'x를 3과 곱한 뒤에 1을 더한다'라고 파악할 수 있습니다. 아주 명쾌합니다. 수식은 단 하나의 해석만 존재합니다.

수식은 진짜 의미 그대로 세계 공용어입니다.

이 세상의 누군가가 처음으로 밝혀낸 뒤에 수식이 만들어집니다. 이에 관한 지식만 있다면 문화, 언어, 정치 제도와 관계없이 온 세상 구석구석까지 사물의 본질을 이해하는 사고가 침투합니다. 게다가 시간을 뛰어넘어 수백 년, 수천 년 뒤에도 수식은 계속 살아 있습니다.

수식은 극도로 객관적이라는 강점이 있기 때문에 사람들의 행동을 바꾸는 커다란 힘을 가집니다. 그리고 다른 분야에 응용하거나 새로운 발견으로도 이어질 수 있습니다.

그렇게 사회가 진보하면 새로운 과제가 발생하게 되고, 이 사이클은 반복됩니다.

여기서 수식의 창조 사이클이 작동하는 사례 하나를 소개하 겠습니다. 직장인이라면 기업의 실적을 평가하기 위한 수식을 본 적이 있을지도 모릅니다.

$$ROE = 이익[1] \div 주주\ 자본[2]$$

이 수식은 수많은 투자자가 품고 있는 '어떤 기업의 주식을 사 야 할까'라는 난제에 답하기 위해 탄생했습니다. 20세기 초에 미 국의 사업가 도널드슨 브라운Donaldson Brown이 고안했다고 합니다.

어떤 기업에 투자하면 좋을지 다른 사람과 아무리 많은 이야 기를 나눈다 하더라도 각양각색의 답변을 듣게 될 것입니다. 이 름이 알려진 대기업의 주식을 사는 편이 안전하다고 말하는 사 람이 있는 반면에 자신이 좋아하는 상품을 만드는 기업의 주식

---

1 기업이 상업 활동을 통해 얻은 수입. 자동차 제조사가 2,000만 원의 가격으로 자동차 를 1대 팔았다고 가정해 본다면, 이 자동차를 만들기 위한 부품과 인건비 등을 합친 비용이 1,000만 원일 때 이익은 1,000만 원(=2,000만 원-1,000만 원)이다.

2 기업이 상업 활동을 할 때, 상품을 만들기 위해 재료를 구매하거나 매장을 짓는 등 엄청 난 돈이 필요하다. 그래서 기업은 주식을 발행하고 투자자가 주식을 구매함으로써 돈을 모 은다. 돈을 낸 투자자를 '주주'라고 부르며 모인 돈을 '주주 자금'이라고 부른다. 기업은 상 업 활동으로 얻은 이익을 주주와 나누어 갖게 되므로 기업과 주주는 서로 이득이 되는 관 계이다.

을 사고 싶어 하는 사람도 있을 것입니다.

하지만 모든 투자자에게 공통된 최대 목표는 '돈을 버는 것'입니다. 구체적으로 말하자면 최대한 적은 밑천으로 크게 버는 것입니다.

그래서 브라운은 투자자의 바람을 그대로 담아 수식으로 만들었습니다. 기업이 만드는 이익(이는 투자자의 것이 됩니다)을 투자자가 기업에 낸(투자한) 돈의 총액인 주주 자본으로 나눈 값을 ROE(Return On Equity : 자기자본이익률)라고 부르며, 이 ROE의 값이 높은 기업에 투자해야 한다고 보았습니다.

예를 들어 투자자가 1억 원의 돈을 냈다고 할 때, 이 자본으로 매년 2,000만 원을 벌어다 주는 A 기업의 ROE는 20%입니다 (ROE=2,000만 원÷1억 원=20%). 반면에 매년 500만 원만 벌어다 주는 B 기업의 ROE는 5%입니다. 이 경우에는 ROE가 높은 A 기업에 투자하는 편이 좋습니다.

이런 식으로 **ROE는 원래 투자할 기업을 정할 때 비교하는 기준으로 고안되었지만, 현재는 전 세계 기업이 경영 계획 안에 ROE 목표치를 정해 놓습니다.** 투자자가 주목하는 지표인 ROE 가 높으면 투자금을 모으기 쉬워지기 때문입니다.

ROE를 높이기 위해서 기업은 당연히 비즈니스를 잘 운영하여 이익을 높이고자 하며, 수식의 분모가 되는 '주주 자본'이 지나치게 늘지 않도록 주의하고 있습니다. 그래서 많은 기업이 자기 회사의 주식을 직접 구매합니다. 이를 '자사주 매입'이라고 부릅니다. 자신의 회사 주식 중 일부를 주주로부터 다시 사들이는 것을 뜻합니다.

이때 투자자에게 출자한 돈의 일부를 반환하는 것과 같은 효과가 나타납니다. 비즈니스를 운영하는 데 필요한 금액을 넘으면 그 금액만큼 주주에게 돌려줍니다. 주주는 돌려받은 돈으로 다시 유망한 다른 기업에 투자하여 돈을 벌 수 있습니다.

결과적으로 주주를 배려하는 기업은 투자자의 신뢰를 얻고 또다시 비즈니스에 투자하기 쉬워지는 상황이 만들어집니다.

이런 식으로 새로운 가치관에 따라서 사람과 기업의 행동이 변하는 것을 조금 어려운 말로 '행동변용'이라고 부릅니다. ROE 수식이 투자자와 경영인의 가치관을 바꾸어 행동변용으로 이어지는 것입니다.

세상의 과제 (이 경우에는 투자자의 과제)	어떤 기업에 투자해야 하는지 판단하는 기준이 필요하다.
과제의 본질을 포착하는 수식	ROE = 이익÷주주 자본
새로운 발견·응용·행동의 변화	투자자로부터 자금을 쉽게 모으기 위해서 ROE를 높이려는 기업이 증가하였고, 자사주 매입을 하는 등 기업의 행동이 변화하였다.

[도표 0-2] 주식의 창조 사이클 예시(ROE)

ROE 이야기는 수많은 사례 중 하나에 불과합니다. '수식 사이클'을 통해 세상이 변하였고, 지금도 변화하는 중입니다.

중요한 것은 본질을 보는 눈이며, 수식은 이를 돕는 강력한 무기입니다. 여러분도 이 책을 참고하여 자신이 직면한 문제의 본질이 무엇인지를 생각한다면 해결의 실마리를 찾을지도 모릅니다. 이 책을 통해 익힐 수식 독해력이 여러분의 사고를 도울 것입니다.

이 책을 읽을 때 수식을 정확하게 이해하는 것은 별로 중요하지 않습니다. 오히려 그 수식이 세상을 어떻게 바꾸는지에 주목하며 읽길 바랍니다.

Chapter 1

수식으로 인간의 지혜를 뛰어넘는다

$$u = w_1 x_1 + w_2 x_2$$

시그모이드 함수

$$f(u) = \frac{1}{1 + e^{-u}}$$

풀이

뉴런 1

$X_1 \rightarrow$ ⟨X_1⟩

뉴런 3

입력

X_1

w_1

$f(u) \rightarrow$ 출력

w_2

$X_2 \rightarrow$ ⟨X_2⟩

뉴런 2

인간의 뇌에 가까워지는 AI

$$u = w_1x_1 + w_2x_2 \qquad f(u) = \frac{1}{1+e^{-u}}$$

어떤 분야의 수식이야?

인공지능[AI]에 없어서는 안 되는 수식이야.

어디에 사용하는 수식이야?

인간의 뇌 시스템을 나타내는 수식이야.

이 수식을 사용해서 컴퓨터로 인간의 뇌를 모방하는 기술이 등장했고, 이 기술이 등장하면서 최근 AI는 아주 빠르게 발전했어.

이 수식이 생겨난 계기는 뭐야? 그리고 세상의 어떤 문제를 해결한 거야?

신경생리학자 워런 매컬러[Warren McCulloch]와 수학자 월터 피츠[Walter Pitts], 두 사람이 1943년에 발표한 연구가 계기였어.

두 사람의 연구 목적은 뇌를 컴퓨터로 간주하고, 뇌 시스템을 수학적으로 정리하려는 것이었어.

인간의 뇌는 '뉴런'이라고 부르는 다수의 신경세포가 전기신호를 주고받으면서 학습과 사고를 한다는 사실은 알고 있어?

이 수식은 2개의 뉴런(뉴런 1과 2)이 후속 뉴런 3에 전기신호를 보내는 시스템을 나타낸 거야.

이 식은 인간의 뇌가 무언가를 배울 때, 그 '이면'에 일어나는 본질을 포착하고 있어.

이 수식으로 세상은 어떻게 바뀌었을까?

이 수식을 컴퓨터에 입력하면 컴퓨터가 인간의 뇌를 모방하면서 처리 작업을 하게 돼.

이 발상에서 탄생한 것이 '인공신경망Neural Network'이라 불리는 AI 기술이야.

인공신경망은 기존에 컴퓨터가 활약하기 어려웠던 분야에서 눈부신 성과를 올리며 최근의 AI 붐을 일으키는 계기가 되었어.

얼굴인식(인간의 얼굴을 자동으로 판별하여 인물을 특정하는 기술), 자동번역, 사람이 쓴 글의 감정을 예상하는 기술 등 폭넓은 분야에 응용하고 있어.

컴퓨터가 인간의 지능을 뛰어넘는 날이 올까?

요즘, 컴퓨터가 그리 멀지 않은 미래에 인간의 지능을 뛰어넘지 않을까 하는 이야기가 화제입니다. 컴퓨터가 인간을 능가하는 시점을 '특이점Singularity'이라고 부르며, 2045년에 도래할 것이라고 예측하는 이도 있습니다. 실제로 인공지능AI은 급격한 속도로 발전하고 있으므로 아주 허황된 이야기는 아닐지도 모릅니다.

인공지능은 1950년부터 연구가 시작되었으며 붐과 정체의 주기를 2번 정도 겪었고, 이 책을 집필하는 오늘날에 들어서면서 현재에 세 번째 붐이 왔다고 보고 있습니다. 최근 AI가 급속도로 발전하는 이유는 인간의 뇌를 모방한 '인공신경망'이라는 기술이 보급되었기 때문입니다.

인공신경망은 어떻게 AI 붐을 일으킨 것일까요? 그것은 바로 지금까지 인공지능이 활약하지 못했던 태스크에서 눈부신 성과를 올렸기 때문입니다.

얼마 전까지만 해도 인공지능이라 하면, 인간이 실제로 경험한 것에서 얻어낸 법칙을 규칙으로 삼고 이를 차례대로 작성하여 컴퓨터에 학습시키는 방식이었습니다. 이를 '전문가 시스템

Expert System'이라고 부릅니다. 예를 들어 신용카드 심사나 주택담보대출 심사 등 정해진 절차에 따라 업무를 진행할 때 적합한 방식입니다. 하지만 명확한 규칙을 도출할 수 없는 태스크에는 활용하기가 아주 어렵습니다. 얼굴인식이나 문장 해석과 같은 태스크가 이에 해당합니다. 인간은 아는 사람의 얼굴을 쉽게 판별할 수 있습니다. 그러나 아는 사람의 얼굴을 판별하는 방법을 명확한 규칙으로 나타내기는 어렵습니다.

문장 해석도 마찬가지입니다. 예를 들어 번역가는 외국어를 자연스러운 우리말로 옮길 수 있습니다. 하지만 외국어를 자연스러운 우리말로 옮기기 위한 규칙을 전부 명확하게 나타내지는 못합니다. 그동안 쌓은 경험을 토대로 하여 자연스러운 번역문을 직감적으로 떠올리는 것입니다.

번역을 할 때는 문법의 차이뿐만 아니라 문화의 차이와 문맥도 고려해야 합니다. 기계적으로 규칙을 적용하기만 한다면 부자연스러운 번역문이 만들어지고 맙니다.

이런 식으로 **인간의 뇌는 규칙으로 도출할 수 없는 태스크도 잘 처리할 수 있습니다. 인간의 뇌를 모방한 인공신경망도 마찬가지로 이러한 태스크를 잘 처리할 수 있습니다.**

인공신경망은 이미 다양한 분야에서 실제로 사용되고 있으며 우리 주변에도 흔히 볼 수 있습니다. 일상적인 예시로는 컴퓨터나 스마트폰의 얼굴인식, 구글 번역이 있습니다. 이러한 기술이 얼마나 혁신적인지는 직접 사용해 본 사람이라면 누구나 느낄 수 있습니다. 구글 번역은 다양한 언어를 사용하는 전 세계 이용자가 24시간 365일 언제든지 번역이 필요할 때 사용할 수 있습니다. 인간 번역가는 이만한 양의 업무를 절대로 처리할 수 없습니다.

저의 본업은 퀀트(수학과 인공지능을 주식 투자에 활용하여 수익을 얻는 일)입니다. 저도 인공신경망을 도입한 투자 프로그램을 개발하여 사용하고 있습니다. 구체적으로는 전 세계의 뉴스 사이트, 블로그, SNS 등에서 세계적인 기업의 뉴스 기사와 댓글을 자동으로 모은 뒤에 이 글들을 인공신경망에 학습시킵니다. 이를 통해 글을 쓴 사람이 어떤 감정을 품었는지를 추측합니다.

예를 들면 어느 기업의 실적에 관한 기사를 학습시킨 뒤에 이것이 부정적인 기사(실적 악화와 주가 하락을 우려한다)인지 긍정적인 기사(실적 개선과 주가 상승을 기대한다)인지 판단하는 방식으로 사용합니다.

저는 조사를 통해서 **코로나 쇼크 등의 혼란으로 과거에 주가가 크게 하락한 국면에서는 주가가 하락을 시작하기 전에 주식 투자자의 심리가 급격히 악화되었다**는 것을 파악했습니다. 이를 역이용하면 **투자자의 심리를 미리 읽어서 주가가 하락하기**

전에 먼저 손을 쓸 수 있다는 뜻입니다.

분석을 위해서 전 세계에 다양한 언어로 나오는 뉴스와 SNS 댓글을 365일 내내 인공신경망에 학습시키며 투자자의 심리를 추측하고 있습니다. 이를 통해 주가 하락의 전조인 투자자 심리의 악화 여부를 감시할 수 있습니다. 심리의 악화 여부를 파악할 수 있다면 그 전에 재빠르게 주식을 팔아서 대비할 수 있습니다.

당연한 말이지만 뉴스 기사를 읽는 일 자체는 인간도 할 수 있습니다. 하지만 수많은 언어로 나오는 뉴스를 쉴 틈 없이 읽는 것은 인간에게 불가능한 일입니다. 바꿔 말하면 오직 기계만이 가능한 일이라는 뜻입니다.

자, 이제부터는 인공신경망이 어떻게 작동하는지 자세히 알아보도록 하겠습니다. 인간의 뇌를 모방한 시스템이므로 이해를 돕기 위해서 먼저 인간의 뇌에 대해 알아보겠습니다.

반복 학습할수록 강해지는 뇌

인간의 뇌 안에는 정말 많은 수의 신경세포(뉴런)가 있으며 세포들은 전기신호를 주고받으면서 정보를 처리합니다.

성인의 뇌 무게는 약 1200~1500g이며 기억·사고·언어·감정·감각 등의 고차원적 기능(=인간다워지는 기능)을 관장하는 대뇌는 약 800g입니다. 고작 사과 2개의 무게인 뇌 안에 우리를 인간으로 규정하는 모든 기능이 모여 있는 것입니다.

인간의 대뇌에는 약 160억 개의 신경세포(뉴런)가 있으며 이는 [도표 1-1]에서 보이듯이 길게 뻗은 팔처럼 생긴 '축삭'으로 연결되어 있습니다. 이 축삭의 끝부분을 '시냅스'라고 부릅니다. 뉴런은 축삭을 통해 전기신호를 서로 주고받으며 사고와 기억 등의 정보를 처리합니다.

뉴런의 네트워크는 항상 변화합니다. 인간은 과거의 일을 잊기도 하며 공부를 통해 새로운 것을 기억하기도 합니다. 이때 뇌 안에서는 네트워크의 변화가 일어납니다.

예를 들어 인간이 새로운 무언가를 배울 때는 뉴런이 축삭을 뻗어서 다른 뉴런과 연결되고 새로운 회로가 만들어집니다. 그

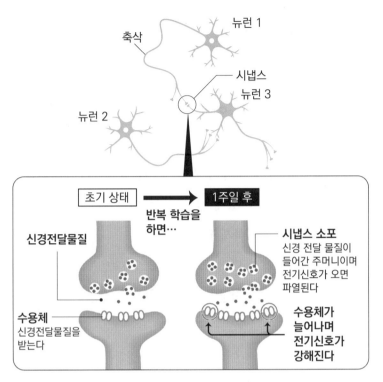

[도표 1-1] 인간의 뇌 신경세포

리고 같은 문제집을 여러 번 풀어서 반복 학습을 하면 그 내용
에 관하여 연결된 뉴런이 강화됩니다.

　뉴런과 뉴런이 이어진 부분을 확대하여 보면 틈이 약간 벌어
져 있습니다. 이 부분은 '시냅스 간격'이라고 부르며 다른 뉴런
과 전기신호를 주고받습니다. 시냅스에서는 먼저 전기신호가
한쪽 뉴런에서 다른 쪽 뉴런으로 향합니다. 그러면 전기신호의

자극을 받아서 '시냅스 소포'라고 부르는 작은 주머니가 터지고, 이곳에서 신경전달물질이 방출됩니다. 신호를 받은 쪽에는 신경전달물질을 받기 위한 '수용체'라 부르는 기관이 있으며, 수용체가 신경전달물질을 받으면 전기신호가 다른 쪽 뉴런으로 전달됩니다.

반복 학습을 하면 이 수용체의 개수가 늘어나며 신경전달물질을 더 많이 받을 수 있게 됩니다. 전달되는 전기신호도 더욱 강해지며 기억이 정착하게 됩니다.

반대로 네트워크가 많이 쓰이지 않으면 수용체의 수가 점점 줄어들며 전기신호의 전달이 어려워집니다. 이것이 '망각'의 구조입니다.

뇌 시스템에 관하여 이렇게 자세히 설명하는 이유는, 학습에 따라 네트워크가 강화되는 이 시스템을 인공신경망이 모방하고 있기 때문입니다.

인공신경망의 발명으로 이어진 최초의 연구는 신경생리학자 워런 매컬러Warren McCulloch와 수학자 월터 피츠Walter Pitts가 1943년 에 발표하였습니다. 두 사람은 인간의 뇌 시스템을 수식으로 나타내고, 뇌를 모방한 컴퓨터를 만들 수 있다고 보았습니다.

두 사람의 전문 분야(신경생리학자와 수학자)를 보면 알 수 있듯이, 이 연구는 단순히 학문적인 동기 때문에 이루어진 것입니다. 다시 말해서 뇌를 컴퓨터로 간주하고 그 시스템을 수학적으로 정리하려는 시도였습니다. 이후에 다른 연구자가 인공신경망 연구에 이를 이용하기 시작했습니다. 그렇게 탄생한 것이 다음의 수식입니다.

$$u = W_1 X_1 + W_2 X_2 \quad f(u) = \frac{1}{1 + e^{-u}}$$

이 두 사람의 시도가 계기가 되어 연구가 시작되었고, 서서히 성과가 쌓이기 시작했습니다. 1980년대에 들어서자 컴퓨터의 성능이 향상되었고 동시에 연구도 폭발적인 진전이 이루어졌습니다. 이 시대에는 인공신경망을 사용한 문자 인식과 음성 인식에 관한 연구가 진행되었고, 현대에 이를 응용한 기술이 확립되었습니다.

컴퓨터가 뇌의 움직임을 모방하기 위해서는 그 시스템을 수식으로 나타낼 필요가 있습니다. 수식을 이용하여 뇌 시스템을 정리한 것이 다음 페이지의 [도표 1-2]입니다. 이는 인공신경망의 시스템이기도 합니다.

동그라미는 뉴런을 나타내며, 뉴런 1과 뉴런 2에서 뉴런 3으로 신호를 전달하는 모습을 나타내고 있습니다. 실제로는 훨씬 더 많은 뉴런이 전기신호를 서로 주고받지만, 알기 쉽게 설명하기 위해서 가장 간단한 상황을 나타냈습니다.

이 시스템에서 열쇠가 되는 것은 그림 중앙에 W_1, W_2로 표시한 부분입니다. 복수의 뉴런에서 신호를 받을 때 어떤 뉴런에서 보내는 신호를 더 중시하는지, 그 '가중치^{Weight}'를 나타내고 있습니다.

이 '가중치'는 뇌의 수용체 수에 대응하는 것입니다. 반복해서 사용하는 중요한 네트워크일수록 수용체의 수가 늘어나고 전기신호가 강해진다고 앞서 설명하였습니다. 이와 마찬가지로 W_1, W_2의 값은 네트워크의 강함을 나타냅니다. 더 구체적으로 말하면 W_1와 W_2의 값이 클수록 더욱더 강하게 연결되어 있다는 뜻입니다.

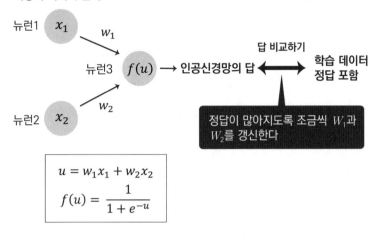

[도표 1-2] 신경망의 구조

인간의 뇌는 하나의 뉴런에 평균 1,000개가 넘는 시냅스가 있으며 시냅스마다 가중치가 다릅니다. 다시 말하면 어떤 뉴런에서 온 신호인지에 따라 중요도가 다릅니다.

[도표 1-2]는 뉴런 1에서 입력된 신호보다 뉴런 2에서 입력된 신호를 더 중시하는 가중치가 부여되어 있습니다. 이는 인간관계와 비슷할지도 모릅니다. 평소에 자주 연락을 주고받으며 고민도 들어 주는 사람의 이야기는 열심히 듣지만, 연락도 자주 하지 않는 소원한 관계인 사람과 어쩌다 만나서 듣게 되는 조언은 그리 중요하게 생각하지 않을 것입니다. **뉴런도 이와 비슷한 느낌으로 시냅스마다 중시하는 정도(가중치)가 다릅니다.**

이때, 수식을 통해서 뇌 시스템의 본질을 도출한 것에 주목해 주세요.

뇌가 전기신호를 주고받는 시스템은 수용체와 시냅스 소포 등이 연관되어 있어서 상당히 복잡합니다. 하지만 수식에는 수용체와 시냅스 소포가 일절 등장하지 않습니다. 그 이유는 수용체와 시냅스 소포 등의 사소한 시스템은 본질이 아닌 부수적인 부분이기 때문입니다.

뇌에서 일어나는 일을 결론만 말하자면 '학습을 반복하면 그 회로의 연결이 강화된다'입니다. 이 결론만 중요하며 그 과정(수용체와 시냅스 소포 등의 시스템)은 본질이 아닙니다.

따라서 수식에는 연결된 회로의 강화만 W_1와 W_2로 등장하며 그 이외의 부수적인 내용은 일절 등장하지 않습니다.

이 부분만 뇌의 본질이었다는 뜻이고 수식으로 만들었을 때 본질만 도출된 것입니다. 그렇기 때문에 뇌가 지닌 잠재 능력을 컴퓨터에 모방하여 나타낼 수 있었습니다.

[도표 1-2]를 다시 한번 더 살펴봅시다. 뉴런 1과 뉴런 2에서 입력된 신호는 가중치를 고려한 뒤 합산됩니다. 그리고 뉴런 3은 이 합산된 신호가 일정 수준보다 강한 정도로 신호를 내보냅니다. **합산된 신호가 일정 수준보다 약한 경우에는 신호를 내보내지 않습니다.**

다시 말하면 뉴런 1과 뉴런 2로부터 합산된 신호가 약한 경우에 뉴런 3은 신호를 내보내지 않으므로 신호의 흐름은 여기서 막히고 맙니다.

신호가 합산된 값이 약하면 신호를 내보내지 않는 이유는 무엇일까요? 이 시스템은 **뇌가 에러 없이 동작하기 위해 필요하기 때문**입니다.

뉴런 하나하나는 완벽하지 않으므로 오작동을 일으킬 수 있습니다. 따라서 뉴런 하나에서 보내는 신호에만 의존한다면 뇌 전체가 오작동을 일으킬 우려가 있습니다. 그래서 여러 뉴런에서 신호를 보내는 것이며, 일정 수준 이상으로 강한 신호인 경우에만 신호를 전달하게 되어 있습니다.

이 시스템은 인간 사회로 따졌을 때 다수결에 가깝습니다. 다수결은 사람 한 명의 판단은 틀릴 수 있다는 것을 전제로 두고, 다수결로 일정 수 이상의 사람이 찬성한 경우에만 의견을 채용합니다. 물론 다수결이 항상 옳다고는 볼 수 없지만 혼자서 모든 것을 판단하는 것보다는 신뢰할 수 있는 결과가 나옵니다.

사실 앞의 수식은 이 '다수결'의 시스템을 나타낸 것입니다.

[도표 1-2]의 수식은 뉴런 1과 뉴런 2의 입력 신호를 합성한 것을 문자 u로 나타냈습니다. 그리고 뉴런 3은 합성된 입력 신호 u의 크기에 따라 출력 신호를 내보냅니다. 이 뉴런 3이 내보

$$u = w_1 x_1 + w_2 x_2 \qquad f(u) = \frac{1}{1+e^{-u}}$$

내는 출력 신호의 값은 언뜻 보았을 때 어려워 보이는 $f(u)$라는 함수로 나타나 있습니다. 이 함수를 '**시그모이드 함수**'라고 부릅니다. 이 **시그모이드 함수는 인간의 뉴런이 입력 신호와 출력 신호를 주고받는 관계를 수식으로 나타낸 것**입니다. 다시 말하면 조금 전 설명처럼 '**입력 신호의 합산치가 일정 수준 이상일 때만 신호를 보낸다**'라는 내용을 **수식으로 나타낸 것**이며 [도표 1-3]에 나타난 형태를 띠고 있습니다.

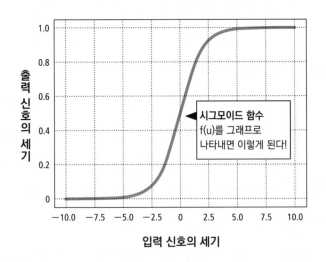

[도표 1-3] 뉴런의 신호를 나타내는 시그모이드 함수

이 그래프의 형태를 보면 입력 신호(가로축)가 작을 때는 출력 신호(세로축)가 0이지만 입력 신호가 어느 수준 이상으로 강해지

면 출력 신호도 급격하게 강해집니다. 그래프의 중심 부근은 출력 신호가 강해지기 시작하는 입력 신호의 지점을 나타내고 있습니다.

인공신경망은 인간의 뇌를 모방하기 위해서 이 시그모이드 함수를 사용합니다. [도표 1-2]에서 뉴런 1과 뉴런 2의 입력 신호가 가중치를 고려한 뒤에 합산되고, 그 합산치 u를 시그모이드 함수에 대입한 결과인 $f(u)$가 뉴런 3의 출력 신호가 되는 이유입니다.

$$u = w_1 x_1 + w_2 x_2 \quad f(u) = \frac{1}{1+e^{-u}}$$

인공신경망과 뇌의 공통점

인간의 뇌 안에서는 뉴런이 시냅스를 통하여 다른 뉴런과 전기신호를 주고받으며, 결합마다 가중치(입력 신호를 얼마나 중시할 것인지에 관한 정도)가 설정되어 있다고 설명하였습니다.

인간의 뇌 전체에는 약 150조 개의 시냅스 결합이 있다고 하는데, 이 모든 결합에 가중치가 설정되어 있으며 다양한 것을 학습할 때마다 이 가중치가 변화합니다.

인공신경망도 이와 같은 시스템으로 학습이 이루어집니다. 우리가 참고서를 사용하여 학습하듯이 인공신경망도 학습을 위한 교재가 필요합니다. 참고서에는 문제와 그 해답이 다수 실려 있으며 이를 학습할 때마다 학생은 지식을 쌓아갑니다.

인공신경망도 마찬가지로, **먼저 인간(대학의 연구자 및 기업의 데이터 사이언티스트 등)이 정답이 포함된 학습용 데이터를 대량으로 작성하고 이를 인공신경망에 학습시킵니다.** 얼굴 사진으로 나이를 맞히기 위해 인공신경망에 학습을 시킨다고 가정해 보겠습니다. 이때 학습용 데이터는 얼굴 사진과 그 사람의 실제 나이가 함께 묶인 데이터입니다. [도표 1-2]로 설명하자면, 학습 데이터를 입력시키면서 동시에 뉴런 1과 뉴런 2에 입력 신호를 넣었을 때 뉴런 3에서 정답이 나오도록 가중치 W_1과 W_2의 값을 조금씩 조정합니다. 그리고 학습 데이터(입력값, 정답)의 조합과 최대한 가까운 결과를 내는 W_1과 W_2의 값을 발견합니다. 이 과정을 거치면 인공신경망의 학습이 끝납니다.

$$u = w_1 x_1 + w_2 x_2 \quad f(u) = \frac{1}{1+e^{-u}}$$

컴퓨터는 말의 '의미'를 이해할 수 있을까?

　인간의 언어(=자연 언어)를 컴퓨터가 다룰 수 있게 된 것은 혁명이라고 할 수 있는데, 그 이면에는 기술자의 여러 가지 창의적 사고가 들어가 있습니다.

　인간과 컴퓨터의 가장 큰 차이점 중 하나는, 컴퓨터는 숫자만 다룰 수 있다는 것입니다. 색, 영상, 음성 모두 컴퓨터 안에서는 숫자로 변환되어 처리됩니다.

　컴퓨터 화면에 모나리자의 그림이 있다고 가정해 보겠습니다. 인간의 눈으로 보면 이는 아름다운 '그림'이지만 컴퓨터 안에서는 화면의 어느 부분에 어떤 색을 표시할지 나타내는 색 번호가 나열된 데이터 덩어리가 존재할 뿐입니다.

　인간의 언어도 마찬가지로 컴퓨터를 이용하여 다룰 경우에는 숫자로 변환해야 합니다. 이때, **AI가 인간의 언어를 처리할 수 있도록 인공신경망을 이용하여 단어의 '의미'를 숫자로 표현하는 작업을 거칩니다.** 이 '의미의 수치화'는 AI가 자연 언어를 처리하기 위한 토대가 되는 아주 중요한 기술입니다.

　의미를 수치화한다고 하였지만, AI에 단어의 의미를 직접 가르칠 수는 없습니다. AI는 계산밖에 할 수 없습니다. 따라서 계산할 수 있는 어떤 형태로 만들어서 적용하여야 처리할 수 있습니다.

단어의 '의미'라는 철학적 개념 자체를 AI는 처리할 수 없습니다. 이때 AI를 위해서 의미가 비슷한 단어를 구별하는 절차를 알려줄 필요가 있습니다.

그렇다면 어떻게 단어의 의미를 규정하는지 살펴보겠습니다. 먼저 AI는 그 단어가 포함되는 문장 및 전후의 문장에 다른 어떤 단어가 나오는지 눈여겨봅니다. **어떤 단어의 주변에 나타나는 어휘를 '주변어'라고 부릅니다. 의미가 비슷한 단어끼리는 이 주변어가 비슷하거나 겹치는 일도 발생할 수 있습니다. 다시 말해서 이 주변어를 확인하다 보면 의미가 비슷한 단어를 분류할 수 있다는 뜻입니다.**

예를 들어 문장 안에서 eat(먹다)라는 단어 주변에는 apple(사과), bread(빵), fork(포크), plate(접시) 등 음식과 식사에 관계된 말이 많이 나타날 것입니다. 어쩌면 cooking(요리)의 주변어를 찾을 때는 결과가 겹칠 수도 있습니다.

반면에 극단적인 예시로 computer(컴퓨터)나 network(네트워크)처럼 eat과 의미가 연결될 가능성이 희박한 단어가 나올 확률은 낮을 것입니다. 주변어가 비슷한 단어끼리는 의미도 비슷하다고 볼 수 있습니다.

이 발상을 토대로 한다면 AI도 의미가 비슷한 단어를 구별할 수 있게 됩니다.

'주변어가 비슷하다면 의미가 비슷하다'라고 보고, 주변어가 비슷한 정도를 수치로 나타내면 됩니다. 그러면 eat과 bread는 의미가 가깝고(음식물 관계), eat과 computer는 의미가 멀다는 것을 AI도 판단할 수 있게 됩니다.

더 심화된 내용을 추가로 살펴볼까요? 앞선 사고방식을 활용하면, 원래 '단어 의미의 수치화'였던 과제를 '주변어를 바탕으로 한 단어의 분류'라는 과제로 바꿀 수 있습니다. 그 결과, 우리는 의미가 비슷한 단어와 비슷하지 않은 단어를 구별할 수 있게 되었습니다. 그런데 원래 과제인 '단어 의미의 수치화'에서 수치화는 어떻게 해야 할까요?

사실 '그 단어의 주변에 어떤 단어가 올 것인지 예측하기(다시 말하면 주변어 예측하기)'라는 과제를 인공신경망에 학습시키면 구하고자 하는 수치를 자연스럽게 얻을 수 있습니다.

조금 전에 인공신경망의 학습은 뉴런 결합의 '가중치'를 조정함으로써 이루어진다고 설명하였습니다. 인공신경망은 인간의 뇌와 마찬가지로 학습에 따라 더욱더 빈번하게 사용되는 결합의 가중치는 증가하며, 많이 사용하지 않는 결합의 가중치는 감소합니다.

의미가 비슷한 단어는 주변어도 비슷하기 때문에 인공신경망은 의미가 비슷한 단어가 입력되었을 때, 비슷한 예측을 출력해야 합니다. 따라서 의미가 비슷한 단어끼리는 학습 결과로 얻게 되는 '가중치'의 값도 비슷해집니다.

반대로 의미가 비슷하지 않은 단어끼리는 학습 내용이 달라지기 때문에 '가중치'의 값도 크게 달라집니다. 결론적으로 이 '가중치' 자체는 단어의 의미를 수치화한 것과 같다고 볼 수 있습니다.

이 과정이 구체적으로 어떻게 이루어지는지 5단계로 설명해 놓았습니다. 더 자세한 심화 내용을 원한다면 다음의 내용을 주목해 주세요!

$$u = w_1 x_1 + w_2 x_2 \qquad f(u) = \frac{1}{1 + e^{-u}}$$

단어의 의미를 5단계로 수치화한다

구체적인 이미지를 떠올리기 쉽도록 인공신경망을 사용하여 단어의 의미를 수치화하는 절차를 살펴보겠습니다.

여기서 다룰 내용은 다소 복잡하기 때문에 앞선 이야기로도 충분하다는 생각이 든다면 넘어가도 상관없습니다.

단어의 의미를 수치화하기 위해서는 다음의 5가지 단계를 거칩니다.

〈단어의 의미를 수치화하는 프로세스〉

Step 1. 인접하는 단어 중 몇 개를 주변어로 추출할지 결정한다

Step 2. 단어와 주변어의 페어로 구성되는 학습 데이터를 대량으로 만든다

Step 3. Step 2에서 작성한 학습 데이터를 사용하여 인공신경망에 학습시킨다

Step 4. 인공신경망의 학습 결과를 확인한다(학습 결과로 얻은 '가중치'를 단어의 의미가 수치화된 것으로 보고 이용한다)

Step 5. 의미의 근접도를 '코사인 유사도'로 측정한다

Step 1. 인접하는 단어 중 몇 개를 주변어로 추출할지 결정한다

앞에서 알아보았듯이 주변어는 [도표 1-4]처럼 목표로 하는 단어의 주변에 출현하는 단어를 뜻합니다. 인접하는 단어 중에서 어떤 단어까지 주변어로 볼 것인지에 관한 명확한 기준은 없습니다. 따라서 인공신경망을 훈련시키는 연구자와 데이터분석가가 상황에 따라 결정합니다.

'I want to eat an apple today.'라는 문장이 있다고 가정해 보겠습니다. 단어 eat와 앞뒤로 인접한 단어 한 개씩만 '주변어'로 추출한다면, 'to'와 'an'이 선정됩니다. 앞뒤로 인접한 단어 두 개씩만 추출한다면 'to'와 'an'에 더하여 'want'와 'apple'이 선정됩니다.

이런 식으로 주변어의 범위를 어디까지 둘 것인지 먼저 정합니다.

앞뒤에 있는 1개 단어 I want to eat an apple today.

앞뒤에 있는 2개 단어 I want to eat an apple today.

앞뒤에 있는 3개 단어 I want to eat an apple today.

[도표 1-4] 주변어의 추출

$$u = w_1 x_1 + w_2 x_2 \quad f(u) = \frac{1}{1+e^{-u}} \quad \textbf{61}$$

Step 2. 단어와 주변어의 페어로 구성되는 학습 데이터를 대량으로 만든다

인터넷 등에서 대량의 문장을 모은 뒤 단어와 주변어의 페어를 추출합니다. 주변어의 데이터를 만드는 과정을 [도표 1-5]에 나타냈습니다. 도표에서는 인접하는 2개 단어를 주변어로 골라냈습니다.

문장을 왼쪽에서 오른쪽으로 훑으면서 (단어, 주변어)의 페어를 추출합니다. 이 작업을 수천, 수만 문장을 대상으로 진행하다 보면 주변어의 데이터 세트가 대량으로 완성됩니다.

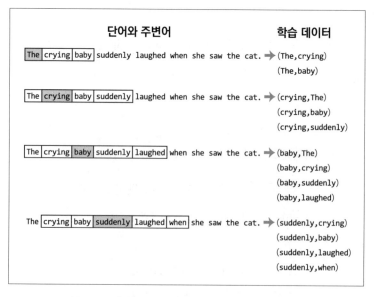

[도표 1-5] 주변어의 학습 데이터를 작성하는 과정
(인접하는 2개 단어를 주변어로 선정하는 경우)

Step 3. Step 2에서 작성한 학습 데이터를 사용하여 인공신경망에 학습시킨다

Step 2에서 작성한 주변어 학습 데이터를 인공신경망에 학습시킵니다. 단어와 주변어의 페어를 대량으로 학습시키면 어떤 단어의 주변에 무슨 단어가 자주 나오는지를 인공신경망이 학습하게 됩니다.

이 학습 결과가 인공신경망 속 뉴런 결합의 '가중치'로 결정됩니다.

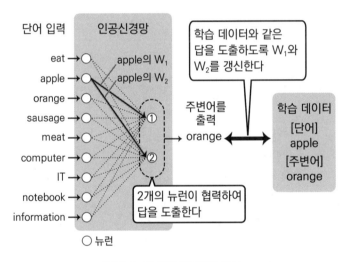

[도표 1-6] 인공신경망의 예시

위의 절차대로 진행하기 위한 인공신경망이 어떤 것인지, 구체적인 예시를 [도표 1-6]에 나타내었습니다.

$$u = w_1 x_1 + w_2 x_2 \qquad f(u) = \frac{1}{1+e^{-u}}$$ **63**

그림 속 동그라미는 뉴런을 나타낸 것이며 뉴런들을 연결하는 직선은 신호가 전달되는 방향(시냅스)을 나타내고 있습니다.

이 인공신경망에 'apple'의 주변어로 'orange'를 학습시켰다고 가정해 보겠습니다. 그러면 인공신경망은 apple의 주변어로 orange라는 단어가 있다는 것을 배우고, 그렇게 대답할 수 있게 시냅스 결합의 세기(=가중치, 즉 W_1와 W_2)를 조정합니다. [도표 1-6]에서 실선으로 된 화살표의 경로로 신호가 전달되며 결합이 강해집니다(가중치가 커집니다).

Step 4. 인공신경망의 학습 결과를 확인한다

	W_1	W_2
eat	13	35
apple	11	32
orange	12	36
sausage	12	33
meat	14	30
computer	2	23
IT	3	22
notebook	3	25
information	4	24

[도표 1-7] 학습된 가중치(예시)

이 예시에서는 각 뉴런의 가중치를 'W_1', 'W_2'라고 가정하겠습니다. 학습 결과, 각 단어의 가중치는 [도표 1-7]처럼 나타났습니다.

하지만 이 표만 봤을 때는 의미가 가까운 정도인 근접도와 수치의 관계를 파악하기 힘들기 때문에 [도표 1-8]처럼 그래프로 나타낼 수 있습니다.

그래프로 나타내 보면 의미가 가까운 단어들은 가까운 위치에 있다는 것을 알 수 있습니다. 의미가 가까운 단어들은 학습 결과의 '가중치'도 가까워지므로 그래프로 나타내면 가까이 모이게 됩니다.

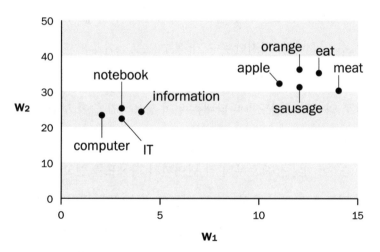

[도표 1-8] 학습된 가중치를 그래프로 나타낸 것

$u = W_1 X_1 + W_2 X_2$ $f(u) = \dfrac{1}{1 + e^{-u}}$ **65**

여기서 주의할 점은 '가중치'는 수치로 나타나는데, 이 수치 자체에는 아무런 의미가 없다는 것입니다. 가중치의 숫자가 서로 가까운지 아닌지만 중요합니다.

Step 5. 의미의 근접도를 '코사인 유사도'로 측정한다

가중치의 값이 가까운지 아닌지가 중요하다는 이야기를 하였습니다. 그리고 가중치를 그래프로 나타냈을 때 의미가 비슷한 단어는 비슷한 위치에 온다는 사실도 알아보았습니다. 하지만 눈대중으로 가까운지 먼지를 판단하기에는 그 기준이 지나치게 모호합니다. 그래서 의미의 근접도를 수치화할 방법을 생각해야 합니다.

의미의 근접도는 '가중치'로 이미 수치화가 된 값이라고 생각할 수 있습니다. 하지만 수치가 복수([도표 1-7]의 W_1와 W_2)로 존재하기 때문에 알아보기가 조금 어렵습니다. 가능하다면 수치 하나로 의미의 근접도를 나타내는 편이 활용하기 좋아 보입니다.

그래서 [도표 1-9]처럼 그래프의 원점(세로축과 가로축의 수치가 둘 다 0이 되는 점)으로부터 각 단어까지 화살표를 뻗고, 그 사이의 각도를 의미의 유사도라고 기준을 삼습니다. 의미가 비슷한 단어는 비슷한 위치에 모이게 되므로 각도가 작아지고, 의미가 먼 단어는 떨어지기 때문에 각도가 커집니다. 이 말은 의미의 근접도를 각도로 바꿀 수 있다는 뜻입니다.

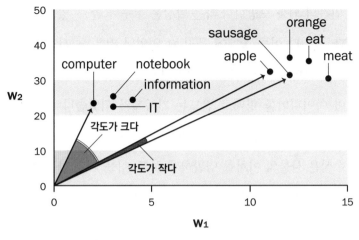

[도표 1-9] 코사인 유사도의 사고방식

그래도 각도만으로는 여전히 알아보기가 어렵기 때문에 삼각함수의 '코사인(직각 삼각형)'을 사용하여 알아보기 쉬운 숫자로 바꾸는 것이 일반적입니다. 코사인의 값은 각도가 0°(의미가 거의 같음)일 때 1, 각도가 180°(의미가 전혀 다름)일 때 -1이 되므로 코사인을 사용하면 의미의 근접도를 -1에서 1까지 수치로 나타낼 수 있기 때문입니다.

따라서 의미가 멀수록 -1에, 비슷할수록 1에 가까워지는 값이 나오며 의미의 근접도를 나타낼 수 있게 됩니다.

자, 설명이 상당히 길었습니다. 인간의 뇌를 모방한 인공신경망이 어떤 것인지 구체적인 예시와 함께 알아보았습니다.

'인간의 뇌를 모방한다'라는 발상은 누구나 할 수 있을지 모릅니다. 그러나 이를 실행에 옮길 수 있었던 것은 뇌 시스템을 수식으로 나타낸 매컬러와 피츠의 연구가 있었기 때문입니다. 수식이 아이디어를 형태로 만드는 기폭제가 되었습니다. 여기에 수식이 지닌 창조성이 나타나 있습니다.

수식은 사물의 이치를 명확하게 하고, 이를 다른 사물에 응용할 수 있습니다. 수식이 없었다면 뇌의 연구가 인공지능을 탄생시키지는 못하였을 것입니다.

인공신경망과 뇌의 차이는?

자연 언어를 처리하는 시스템을 이해한다고 해서 컴퓨터가 단어의 '의미'를 이해하는 것이 아니라는 사실을 알 수 있습니다. 인공신경망은 그저 주변어를 추출하는 태스크를 실행하도록 훈련된 것에 불과합니다. 단어의 '의미'를 직접 학습시킨 것은 아닙니다(사실은 '의미'를 컴퓨터에 학습시킬 수단이 없습니다).

그러나 인공신경망 자체는 인간의 뇌를 모방한 기술입니다. 우리의 뇌도 눈과 귀 등을 통해 얻은 정보를 바탕으로 뇌에 전기신호가 흐르며, 시냅스 결합의 가중치가 변하며 학습을 하는 시스템을 갖추고 있습니다.

하지만 우리의 뇌는 단어와 문장의 '의미'를 이해하고 있습니다.

인공신경망과 우리의 뇌는 도대체 어떤 차이가 있는 것일까요? 이 질문에 대해 명확하게 답하기는 어려울지 모르지만, 두뇌 회전을 돕는 재미있는 주제가 될 것 같네요.

$u = w_1 x_1 + w_2 x_2$ $f(u) = \dfrac{1}{1+e^{-u}}$ **69**

Chapter 2

수식으로 배우는 인간의 손해와 이득 판단

만족도가
오르기 어려워지는 정도

가치함수

$$v(x) = \begin{cases} x^\alpha \\ -\lambda(-x)^\beta \end{cases}$$

손실 회피성의 강도
(이득보다 손해에 몇 배 민감한가)

손해가 커질수록
감각이 마비된다, 마비되는 정도

이익(마이너스인 경우에는 손해)

$$(x \geqq 0)$$

$$(x < 0)$$

행동경제학은 여기서 시작되었다

$$v(x) = \begin{cases} x^\alpha & (x \geqq 0) \\ -\lambda(-x)^\beta & (x < 0) \end{cases}$$

어떤 분야의 수식이야?

경제학에서 사용하는 수식이야.

어디에 사용하는 수식이야?

사람이 손해와 이득을 어떻게 느끼는지 나타낸 수식이야.

이 수식을 이해하면 나의 마음속에 숨어 있는 비합리성을 잘 이해할 수 있어.

이 수식이 생겨난 계기는 뭐야? 그리고 세상의 어떤 문제를 해결한 거야?

기존 경제학에서는, 인간을 항상 합리적인 판단이 가능한 존재라는 것을 전제로 삼고 이론이 만들어졌어.

하지만 심리학이 발전하면서 현실의 인간은 때때로 비합리적인 판단을 하고 마음의 편향이 존재한다는 사실이 밝혀졌어.

그래서 항상 합리적이지는 못한 실제 인간의 행동을 반영하는 현실적인 경제학이 필요해졌어.

이 수식으로 세상은 어떻게 바뀌었을까?

인간의 비합리성을 이론으로 반영한 경제학을 '행동경제학'이라고 불러. 입문용 서적도 많이 나와 있으니까 한 번쯤은 들어본 적이 있지 않을까?

행동경제학은 이름 그대로 소비 행동을 비롯한 현실 속 인간의 행동을 설명하고 예측하기 때문에 기업의 판매 전략에 널리 응용되고 있어.

자산을 운용할 때도 고객의 편향을 고려한 운용 방법을 제안하는 데 사용하고 있어.

이렇게 행동경제학은 비즈니스 세계에서 아주 중시하는 이론 중 하나가 되었지.

여러분은 합리적인 판단이 가능한 사람인가요? 당연히 그렇다고 말하고 싶을지 모르겠지만, 심리학자와 경제학자의 오랜 연구를 통해 얻은 결과를 고려하면 대답은 '아니다'가 나옵니다.

걱정할 필요는 없습니다. 여러분만 그런 것이 아니라 **과학은 모든 인간을 비합리적 존재라고 결론을 내렸습니다.** 비합리성이 인간의 본질이며 우리는 각자 마음속에 존재하는 비합리성과 잘 지내는 수밖에 없습니다. 잘 지내기 위해서는 우리의 마음이 얼마나 비합리적인지 알 필요가 있습니다. 이번 장에서 소개하는 수식은 이 내용을 알려주는 수식입니다.

$$v(x) = \begin{cases} x^{\alpha} & (x \geqq 0) \\ -\lambda(-x)^{\beta} & (x < 0) \end{cases}$$

이 수식은 경제학에서 아주 중요한 수식 중 하나입니다. 인간이 무언가를 팔거나 살 때, 무의식적으로 마음의 편향이 판단에 영향을 준다는 사실을 알고 있기 때문입니다. 따라서 마음의 편향(=비합리성)을 나타내는 이 수식을 중요시합니다.

하지만 이 수식이 만들어진 것은 고작 수십 년 전의 일입니다. 그때까지 오랜 시간 동안 경제학은 인간의 마음속 편향을 무시했습니다. 이러한 경향은 경제학 발전의 역사와 관계가 있습니다.

일하고 돈을 벌며, 번 돈으로 다양한 물건을 사는 활동을 조금 어려운 말로 '경제 활동'이라고 부릅니다. 그리고 경제 활동을 통해 세상을 풍요롭게 하고자 인간 사회의 돈과 일에 관한 법칙성을 연구하는 학문이 '경제학'입니다.

경제학이 본격적으로 연구되기 시작한 시기는 18세기부터입니다. 스코틀랜드의 철학자이자 경제학자인 애덤 스미스[Adam Smith]는 1776년에 『국부론』을 출판하였고, 국가와 경제 활동에 관하여 논하기도 하는 등 이 시기에는 이미 경제학이 사람들의 많은 관심을 받으며 활발한 연구가 진행되고 있었습니다. 한편 이 시대는 아직 심리학이라는 학문 자체가 존재하지 않았습니다. 사람의 마음이 연구 대상으로 인식되기 시작한 시기는 프로이트가 정신분석을 제창한 19세기부터였습니다.

이러한 역사적 배경도 있기에 경제학은 오랫동안 복잡한 인간의 마음을 고려하지 않았습니다. **인간은 언제나 합리적이며 경제적으로 자신에게 유리한 판단을 한다고 보았습니다.**

기존의 경제학이 가정한 인간상을 '호모 에코노미쿠스'라고 부릅니다. 호모 에코노미쿠스는 항상 합리적이며 자신의 이익

$$v(x) = \begin{cases} x^\alpha & (x \geq 0) \\ -\lambda(-x)^\beta & (x < 0) \end{cases}$$

이 최대가 되는 선택지만 반드시 고르는 존재로 가정합니다.

그러나 현실 속 인간은 정말로 '호모 에코노미쿠스'일까요? 심리학이 발전하면서 그렇지 않다는 사실이 밝혀졌습니다.

모든 인간은 스스로 나서서 손해를 보고 싶다는 생각은 하지 않습니다. 그러나 객관적으로 보았을 때 손해를 보는 행동을 취하는 경우가 종종 있습니다.

아래와 같은 이야기를 들어본 적이 있으신가요?

• 파친코에서 크게 잃었지만 다음에는 다를 것이라며 다시 도전한다.
• 연인과 헤어지기 싫어서 스토커처럼 행동한다.
• 친구의 투자 이야기를 믿고 계속 돈을 빌린다.

이외에도 비슷한 여러 이야기가 있습니다. 손해를 보고 싶지는 않지만 왜 갈수록 손해를 보는 행동을 하는 것일까요?

심리학자 대니얼 카너먼^{Daniel Kahneman}과 아모스 트버스키^{Amos Tversky}는 인간을 호모 에코노미쿠스(완전히 합리적인 존재)로 보는 당시의 경제학에 의문을 품었습니다. 그래서 경제학의 대전제인 호모 에코노미쿠스가 잘못된 생각이라는 것을 증명하고자 대규모 심리 실험을 진행하였습니다.

카너먼이 진행한 실험은 다음과 같은 것이었습니다. 〈질문 1〉과 〈질문 2〉에서 여러분은 어떤 선택지를 고르시겠습니까?

〈질문 1〉

선택지 A : 조건 없이 5,000원을 받는다.

선택지 B : 동전을 던져서 앞면이 나오면 11,000원을 받는다. 뒷면이 나오면 아무것도 받지 않는다.

〈질문 2〉

선택지 A : 조건 없이 5,000원을 잃는다.

선택지 B : 동전을 던져서 앞면이 나오면 11,000원을 잃는다. 뒷면이 나오면 아무것도 잃지 않는다.

$$v(x) = \begin{cases} x^\alpha & (x \geq 0) \\ -\lambda(-x)^\beta & (x < 0) \end{cases}$$

이렇게 질문하면 〈질문 1〉에서는 대부분 선택지 A를 고릅니다. 불확실한 B보다 확실한 이득을 얻을 수 있는 A를 고릅니다. 여기서 중요한 포인트는, 선택지 B는 50%의 확률로 11,000원을 받을 수 있기 때문에 평균으로 따지면 5,500원을 얻는 선택지이며 선택지 A보다 이익이 높다는 점입니다.

그렇지만 대다수의 사람이 A를 고르는 것은 인간에게는 불확실한 선택지를 피하는 경향, 다시 말하면 리스크를 회피하려는 '리스크 회피적'인 경향이 있기 때문입니다.

리스크 회피 자체는 합리적인 판단이라고 할 수 있습니다. 불확실한 선택지는 나쁜 쪽이 나올(선택지 B의 경우라면 동전 뒷면이 나오는) 가능성도 있으므로 금액은 조금 줄어들지만 명확한 선택지 A를 고르는 것은 합리적인 판단이라 볼 수 있기 때문입니다.

문제는 지금부터입니다. 〈질문 2〉는 선택지 A를 고르면 5,000원을 확실하게 잃습니다. 반면에 선택지 B는 50%의 확률로 11,000원을 잃기 때문에 평균 5,500원을 잃는 선택지라고 할 수 있습니다.

인간이 리스크 회피적인 존재라면 불확실성이 없으며 선택지 B보다 잃는 금액이 적은 선택지 A를 골라야 합니다. 그러나 실제로 물어보면 대다수가 선택지 B를 고릅니다.

이런 식으로 리스크가 높은 선택지를 일부러 고르는 경향을 '리스크 호의적'이라고 부릅니다.

여기까지 심리학 실험을 통해 살펴본 결과, **인간은 이익에 대해서는 리스크 회피적으로 행동하고, 손실에 대해서는 리스크 호의적으로 행동한다**는 것을 알 수 있습니다.

이해하기 어려울 수 있지만 구체적으로 어떤 부분이 비합리적이냐고 묻는다면, 앞선 〈질문 2〉의 선택지 B를 고르는 상황입니다. 그 이유는 사람이 무의식적으로 손실의 확정을 회피하려는 것이라 보기 때문입니다. 선택지 A를 고르는 순간 손실이 확정되므로 이를 피하고자 선택지 B를 고른다는 것입니다. 이렇게 **손실을 회피하고 싶어 하는 마음의 성질을 '손실 회피성'이라고 부릅니다.**

일상에서 벌어지는 일로 생각해 보면 이해하기 쉬울 것 같습니다. 도박으로 잃은 돈을 도박으로 다시 갚으려는 행동이 대표적인 예시입니다. **손해를 피하고 싶다는 마음이 너무 강한 나머지 자신이 손해를 보았다는 사실을 인정하지 못하고, 손해를 만회하려는 생각에 깊게 빠지고 마는 것입니다.**

$$v(x) = \begin{cases} x^\alpha & (x \geqq 0) \\ -\lambda(-x)^\beta & (x < 0) \end{cases}$$

미련이 많은 인간, 깔끔하게 포기하는 AI

저는 자산 운용에 관한 업무를 하고 있는데, 앞서 말한 일들을 자산 운용의 세계에서도 흔히 볼 수 있습니다. 보통 주식 투자를 할 때, 어떤 기업의 주식이 오를 것으로 생각하여 샀더니 예상과 다르게 내려간다면 곧바로 파는 편이 좋다고 말합니다. 예상이 빗나갔다고 깔끔하게 인정하고 손실이 더 커지기 전에 발을 빼는 것이 낫기 때문입니다. 이러한 판단은 손실이 커지기 전에 버린다는 의미에서 '손절損切'이라고 부릅니다.

그러나 막상 이 상황에 직면하면 대다수의 사람은 좀처럼 손절을 하지 못합니다.

'지금은 어쩌다 보니 내려갔을 뿐이고, 조금만 지나면 올라갈 거야. 만약에 손절한 다음에 올라가 버리면 억울해서 참을 수가 없잖아….'라는 생각에 좀처럼 손절하지 못하고 결국 손실이 더 커지고 마는 경우가 많습니다.

이 또한 손실에 대한 리스크 호의적(주식을 계속 가지는 리스크가 높은 선택지)인, 비합리적인 판단을 하고 마는 상황입니다.

금융 기관에서 일하는 자산 운용의 프로도 이러한 심리 편향의 영향을 받아서 손실이 커지고 마는 경우가 있습니다. 그래서 대부분의 금융 기관은 손실이 발생하였을 때 따라야 하는 규정을 미리 정하고, 이를 거래하는 사람 모두에게 강제하고 있습니다. 예를 들면 '손실이 20%에 달할 경우에는 손절한다'라는 규정입니다. 이렇게 회사 방침으로 규정을 강제하면 망설일 일이 없기 때문입니다.

최근에는 자산 운용 AI를 활용하는 시도도 확대되고 있습니다. AI는 인간이 아니므로 심리 편향의 영향을 받지 않고 판단할 수 있습니다. 이 강점을 살려서 AI가 인간인 자산 운용 담당자에게 조언합니다.

인간 자산 운용 담당자 본인은 깨닫지 못했던 심리 편향을 AI의 조언 덕분에 깨닫게 됩니다. 저도 이렇게 다양한 조언형 AI를 개발하여 근무처의 자산 운용에 이용하고 있습니다.

회사에 따라서는 인간이 아닌 AI에게 매도와 매수를 판단하게 하는 곳도 있습니다. AI가 조언하는 역할이 아닌 '판단'하는 역할을 합니다. 이러한 AI가 하는 거래는 컴퓨터상의 규칙(=알고리즘)을 기반으로 하여 거래한다는 뜻에서 '알고리즘 트레이딩'이라고 부르며, 전 세계로 점점 뻗어나가고 있습니다.

카너먼과 트버스키는 앞선 실험을 통하여 비합리적인 행동의 법칙성을 발견하였습니다. '비합리적'인데 '법칙성'이 있다는 것도 묘한 이야기지만, 앞선 비합리성 실험의 결과처럼 대다수의

$$v(x) = \begin{cases} x^\alpha & (x \geqq 0) \\ -\lambda(-x)^\beta & (x < 0) \end{cases}$$ **81**

사람이 비슷한 경향을 보인다는 것이 심리학 실험을 통해 밝혀졌습니다.

다시 말하면 **인간의 비합리성은 사람에 따라 제각각인 것이 아니라 모두에게 공통되는 법칙성이 있다는 것입니다.** 그리고 그 법칙성을 수식화한 것이 서두의 수식이며, 이 수식을 바탕으로 하는 경제학 이론을 '**프로스펙트 이론**'이라고 부릅니다.

프로스펙트 이론은 1979년에 카너먼과 트버스키가 처음 주장하였으며 카너먼은 이 업적을 통해 2002년에 노벨 경제학상을 받았습니다.

심리학자인 카너먼이 노벨 경제학상을 받은 이유는, 프로스펙트 이론이 **인간이 어떻게 손해와 이득을 판단하여 행동하는지 방대한 심리학 데이터를 기반으로 하여 이론화한 것이며, 이 이론을 경제학 연구에 그대로 응용할 수 있었기 때문입니다.** 말하자면 심리학과 경제학을 잇는 중간 다리 역할을 하는 이론이었기 때문입니다.

이 이론이 계기가 되어 심리학과 경제학이 융합된 '**행동경제학**'이라는 새로운 학문 분야가 탄생하였습니다.

프로스펙트 이론과 그 이전의 경제학 이론의 가장 큰 차이는 프로스펙트 이론이 인간의 비합리적인 측면도 포함하여 이론에 반영하였다는 점입니다. 기존의 경제학은 인간은 항상 합리적인 존재이며 항상 경제학적인 판단을 내릴 수 있다고 보았습니다. 그러나 현실 속 인간은 앞선 예시를 통해 보았듯이 자주 비합리적인 판단을 내립니다. 이러한 비합리적인 측면도 포함하여 설명하는 것이 프로스펙트 이론입니다.

$$v(x) = \begin{cases} x^{\alpha} & (x \geqq 0) \\ -\lambda(-x)^{\beta} & (x < 0) \end{cases}$$

'프로스펙트 이론'은 무슨 이론일까?

그렇다면 프로스펙트 이론이 어떤 이론인지 알아보겠습니다. 사람의 마음속에 있는 본질에 다가가는 아주 흥미로운 이론이므로 기대해 주세요.

먼저, 경제학에서 사람은 자신의 만족도를 높이기 위해서 행동하는 존재로 봅니다. 이 사고방식은 프로스펙트 이론에 국한된 이야기가 아니라 기존의 경제학도 마찬가지로 이러한 사고방식을 지니고 있습니다. 우리가 물건과 서비스를 구입하는 이유는 이를 소비함으로써 스스로 만족하기 위해서라고 보고 있습니다.

자기만족에 이어지지 않는 것에 돈을 지불할 사람은 없겠죠. 따라서 **사람이 만족을 어떻게 느끼는지에 관한 것이 경제학 논의의 출발점**입니다.

프로스펙트 이론에서 사람이 만족을 느끼는 방법은 다음의 3가지 특징이 있다고 보았습니다. 카너먼과 트버스키가 진행한 방대한 심리학 실험의 데이터에서 도출된 것입니다.

먼저 항목을 나열한 다음에 구체적으로 알아보겠습니다.

① **준거점 의존성** : 손해와 이득 판단은 상대적인 것이며 사람은 현재 상황(=준거점)을 기준으로 손해와 이득을 판단한다.

② **민감도 체감성** : 매일 같은 메뉴를 먹고, 같은 옷을 입고, 같은 삶을 반복하여 보내면 질려서 만족하기 어려워진다.

③ **손실 회피성** : 사람은 이득보다 손해에 민감하며 이득을 얻는 것보다 손해를 피하는 것을 우선한다.

①~③의 성질을 수식으로 나타낸 것이 서두에 있는 가치함수 수식입니다. 이 수식은 천천히 알아보도록 하고, 먼저 ①~③에 대해 자세히 알아보겠습니다.

① 준거점 의존성

손해와 이득 판단의 기준은 사람마다 다르다는 뜻입니다.

근무지에서 내년 연봉이 5,000만 원이 될 것이라는 통보를 받았다고 가정해 보겠습니다. 이 금액의 가치를 어떻게 생각할까요?

현재 여러분의 연봉이 4,000만 원이라고 한다면, 5,000만 원은 연봉 상승을 뜻하므로 1,000만 원의 '이득'을 보았다고 느낄 것입니다. 반면에 현재 연봉이 6,000만 원이라고 한다면, 5,000만 원은 연봉 하락을 뜻하므로 1,000만 원의 '손해'를 보았다고 느낄 것입니다.

$$v(x) = \begin{cases} x^\alpha & (x \geqq 0) \\ -\lambda(-x)^\beta & (x < 0) \end{cases}$$ **85**

다시 말해서 **자신의 현재 상태보다 나빠지는 것을 '손해', 좋아지는 것을 '이득'이라고 느끼므로 모두에게 공통된 손해와 이득의 절대적 기준은 없다**는 말입니다.

프로스펙트 이론에서는 손해와 이득 판단의 분수령이 되는 현재 상황을 '준거점'이라고 부르며, 자신이 느끼는 만족과 불만족이 준거점에 의존하는 성질을 '준거점 의존성'이라고 부릅니다. 앞선 예시로 말하자면 현재 연봉이 4,000만 원인 사람의 준거점은 4,000만 원, 현재의 연봉이 6,000만 원인 사람의 준거점은 6,000만 원입니다.

② 민감도 체감성

같은 물건과 서비스를 반복하여 소비하다 보면 점점 질려서 만족하기 어려워지는 성질을 뜻합니다.

만약에 모든 사람이 도라에몽처럼 '단팥빵만 먹으면 아주 만족한다'라는 기호를 가진 존재라면 세상에는 단팥빵을 만드는 회사만 살아남을 것입니다. 단팥빵만 팔면 끝없이 돈을 벌 수 있으므로 여기서 굳이 단팥빵 이외의 상품을 만들 노력을 할 필요가 없기 때문입니다.

그러나 현실 속 대부분의 사람은 단팥빵을 먹으면 먹을수록 만족하는 것이 아니라(물론 만족하는 단팥빵 애호가도 있겠지만), 2~3개 정도 먹으면 '단팥빵은 이제 그만 먹을래'라는 생각이 들며 다른 음식도 먹고 싶어집니다.

이렇게 **대부분의 사람은 한 가지 상품만 소비하면 만족도의 증가 정도가 점점 완만해집니다.** 이러한 성질을 경제학 전문용어로 **'민감도 체감성'**이라고 부릅니다.

'민감도 체감성'은 경제학에서 말하는 '한계효용 체감의 법칙'과 같은 것으로 '효용'은 만족도를 뜻하는 경제학 전문용어입니다.

또한 만족이라는 단어를 그대로 사용하면 되지 않으냐 하는 생각을 할 수도 있지만 그럴 수 없습니다. 만족도라는 단어는 일상에서 자주 사용하며 여러 의미를 지니고 있으므로 경제학에서 구체적으로 논의하기 위해서 다른 명칭을 사용합니다. 뜻만 따지면 만족도와 같다고 생각해도 무방합니다.

그리고 '한계'는 경제학에서 증가분을 뜻하는 단어입니다. 다시 말하면 '한계효용'은 만족도의 증가분을 나타내는 단어이며 이것이 체감遞減(점점 줄어드는 것)한다는 뜻입니다.

한계효용 체감의 법칙이 있어서 우리는 한 가지 상품만으로는 충분히 만족하지 못하며 다양한 것을 가지고 싶어 합니다.

오늘 점심 식사비로 10,000원을 사용한다고 할 때, 이 비용으로 한 잔에 1,000원인 커피 10잔을 사서 마실 사람은 거의 없을 것입니다. 대부분의 사람은 파스타, 커피, 디저트 등 여러 메뉴

$$v(x) = \begin{cases} x^\alpha & (x \geq 0) \\ -\lambda(-x)^\beta & (x < 0) \end{cases}$$

를 주문합니다.

이는 여러 상품을 소비하는 편이 높은 만족도를 얻을 수 있다는 사실을 무의식적으로 알고 있으므로 이렇게 행동하는 것입니다.

현대 사회가 수많은 물건과 서비스로 넘쳐나는 이유는 우리가 더 높은 만족도를 얻기 위해서 다양한 소비, 다양한 종류의 물건과 서비스를 구입할 필요가 있기 때문입니다.

결론을 말하자면 **'민감도 체감성'이 우리가 하는 경제 활동의 다양성으로 이어지는 것입니다.**

③ 손실 회피성

사람은 이득을 볼 때보다 손해를 볼 때 더 민감하며, 이득을 보는 행동보다 무의식적으로 손실을 회피하는 행동을 우선시하는 성질입니다. 이 사실은 앞서 소개한 심리학 실험에서도 확인했습니다. 그 이유는 사람이 무의식적으로 손실의 확정을 회피하려는 마음이 있기 때문이라 보고 있습니다.

손해를 피하고 싶은 마음에 사로잡힌 나머지 자신이 손해를 봤다는 사실을 인정하지 못하고, 손해를 만회하려는 행동이 점점 구렁텅이로 빠지는 것입니다. 이런 식으로 손실을 회피하고 싶어 하는 성질을 '손실 회피성'이라고 부릅니다.

사람이 어떻게 만족을 느끼는지에 관하여 3가지 특징으로 정리해 보았습니다. 이를 수식으로 만든 것이 '가치함수'이며 서두에 나오는 수식입니다. 수식 자체만 보아서는 직관적으로 이해가 잘 되지 않으므로 그래프로 나타내어 보겠습니다. 그래프를 보면 가치함수가 무엇을 뜻하는지 보이기 시작합니다.

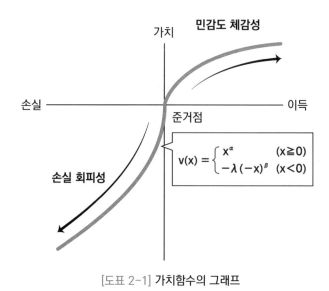

[도표 2-1] 가치함수의 그래프

[도표 2-1]의 곡선이 가치함수를 나타낸 그래프입니다. 준거점을 경계로 그래프의 형태가 바뀌는 것을 확인할 수 있습니다.

$$v(x) = \begin{cases} x^{\alpha} & (x \geqq 0) \\ -\lambda(-x)^{\beta} & (x < 0) \end{cases}$$ **89**

이 그래프는 이익과 손실을 경험했을 때 느끼는 가치의 크기를 나타내고 있습니다. 가로축이 이득과 손실의 정도, 세로축이 가치(=만족도)입니다.

준거점을 기준으로 오른쪽에는 금전적인 이익을 얻거나 무언가를 소비하여 만족도가 늘어나는 상황이 나타나 있습니다. 오른쪽으로 갈수록 가치함수의 기울기가 완만해집니다. 이는 같은 물건과 서비스를 반복하여 소비할수록 만족도의 증가폭은 점점 완만해지는, 바로 민감도 체감성을 나타내고 있습니다.

가치함수에는 주목할 포인트가 하나 더 있습니다. 세로축에서 왼쪽, 손실에 대한 마음의 반응입니다. 이쪽은 오른쪽(이득)보다 그래프의 기울기가 급해지는 것을 알 수 있습니다. 다시 말하면 이득보다 손해에 민감하며 손해를 인식하는 순간 급격한 경사에서 굴러떨어지듯이 만족도가 내려가는 상황을 보입니다.

이 부분은 앞서 설명한 '손실 회피성'의 실험 결과를 반영한 것입니다. 손실을 인정하면 만족도가 급격히 내려가므로 이를 피하기 위한 행동에 나선다는 뜻입니다.

가치함수가 어떤 것인지 알아보았으니 다음은 이 함수에 등장하는 문자에 대하여 알아보겠습니다. 각 문자의 의미를 알면 수식을 더 이해할 수 있으며, 나아가서는 자신의 마음을 더 이해할 수 있습니다.

설명을 위해서 다시 한번 가치함수의 식을 살펴보겠습니다.

$$v(x) = \begin{cases} x^{\alpha} & (x \geq 0) \\ -\lambda(-x)^{\beta} & (x < 0) \end{cases}$$

먼저, 이득과 손해의 정도는 x(가로축)로 나타냅니다.

이득보다 손해를 몇 배로 민감하게 의식하는지는 그리스 문자 λ(람다)로 나타냅니다. 여러 연구에 따르면 이 λ의 값은 거의 2라고 합니다. 다시 말하면 사람은 이득보다 손해를 2배 더 크게 받아들인다는 뜻입니다.

그리고 α(알파)는 민감도 체감성이 얼마나 강하게 작용하는지를 나타냅니다. 다시 설명하자면, 민감도 체감성은 같은 물건과 서비스의 소비를 반복하면 만족도의 증가 정도가 점점 작아진다는 법칙입니다. α의 값이 작을수록 민감도 체감성이 강하게 작용한다는 것(곧바로 질려서 만족도가 증가하지 않게 되는 것)을 뜻합니다.

β(베타)의 설명은 조금 어려운데, 손해가 커질수록 감각이 마비되어 가는 상황을 나타냅니다. 손실이 1만 원에서 2만 원으로 늘어났을 때의 슬픔과, 손실이 100만 원에서 101만 원으로 늘어났을 때의 슬픔은 같은 1만 원이라도 전자가 더 크게 느껴질 것입니다. 애초에 100만 원이나 잃었다면 자포자기 상태가 되어서 1만 원 정도로는 마음이 흔들리지 않게 됩니다. 이런 식으로 마음이 둔해지는 정도를 나타낸 것이 β입니다. β의 값이 작을수록 마음의 마비가 쉽게 일어난다는 뜻입니다.

—— '손해를 만회하고 싶다'라는 마음이 파멸을 부른다?

손실 회피성은 원시 시대에서 살아가기 위해 꼭 필요한 성질이었다고 합니다. 아주 오랜 옛날의 수렵 생활은 커다란 사냥감을 잡으면 많은 양의 고기를 먹을 수 있었지만, 사냥감이 클수록 공격도 강하게 받는다는 리스크를 동반합니다. 사냥감의 뿔에 찔려서 목숨을 잃는다면 자신과 가족 모두 끝입니다.

고대의 인간은 이익을 추구하기보다 손실 회피(큰 부상이나 사망의 회피)를 하는 편이 생존에서 중요했습니다. 따라서 우리 뇌는 손실을 회피하고 싶은 강한 욕구의 지배를 받는 것입니다.

그러나 현대의 다양한 상황에 적용하여 생각해 보면, 이 손실 회피성은 종종 적절하지 못한 판단으로 이어질 때가 많습니다.

몇 가지 예를 들어보겠습니다.

연애의 사례

연인이 자신을 더 이상 사랑하지 않는다는 사실을 인정하고 싶지 않아서 일방적으로 문자 메시지를 보내며 끊임없이 매달립니다. 이는 바로 '손실 회피성'의 심리 편향에 사로잡혀 있는 것입니다. 자신에게 손해가 되는 상황(=연인과 헤어지는 것)이 확정되는 것을 피하기 위해서 어떻게든 관계를 되돌리려고 하

$$v(x) = \begin{cases} x^\alpha & (x \geq 0) \\ -\lambda(-x)^\beta & (x < 0) \end{cases}$$

는(=그 사람에게 준거점이 되는 '사귀는 상태'로 돌아가려 하는) 것입니다.

집착하는 것보다 확실히 마무리를 짓고 새로운 연인을 찾는 편이 합리적일지도 모릅니다.

결혼 사기의 사례

'결혼 사이트에서 알게 된 남성이 돈을 빌려 달라고 부탁했다. 조금이면 괜찮겠다 싶어서 빌려주었는데 이런저런 이유를 대며 돈을 계속 빌려 갔다. 어느새 합이 수백만 원으로 불어났다. 그러다 어느 날 갑자기 종적을 감추고 말았다…' 이러한 사례도 관계가 무너지는(=손실이 확정되는) 상황을 회피하고 싶은 심리를 교묘하게 이용했다고 볼 수 있습니다.

그 밖에도 손실 회피성은 우리의 인생 속 의사 결정에 다양한 형태로 영향을 미칩니다.

자산 운용 업계에 이미 도입된 것처럼, 어쩌면 사생활의 의사 결정에도 AI가 깊게 관여할지도 모릅니다. 예를 들면 이렇게 말이죠. '여러분은 현재 이러한 심리 편향에 사로잡혀 있습니다. 합리적인 선택지는 다음과 같습니다…'

만약에 AI 어드바이저가 등장한다면 세상에 좋은 효과를 줄 수 있을 것이라고 생각합니다. 우리는 대부분 무조건 '나의 입장'이 있으므로 완전히 상대방의 입장에서 생각하는 것은 어렵습니다. 하지만 AI는 인간이 아니므로 자신의 처지, 안전의 영향을 받지 않고 단순하게 그 사람의 이익만 고려하는 조언을 할 수 있습니다. 그리고 다른 사람에게는 말하기 어려운 일도 상대가 AI라면 솔직하게 상담하는 사람도 있을 것 같습니다.

'마음의 편향이 없는 지능'을 담당하는 AI의 역할이 앞으로 널리 퍼질지도 모릅니다.

$$v(x) = \begin{cases} x^\alpha & (x \geqq 0) \\ -\lambda(-x)^\beta & (x < 0) \end{cases}$$

'기간 한정 세일'도 이 수식의 결과물

이 손실 회피성은 비즈니스에도 응용이 가능한 사고방식입니다. 실제로 마케팅 전략에도 프로스펙트 이론을 응용합니다. 그래서 '손해를 보고 싶지 않다'라는 마음이 강하게 들 만한 판매 전략이 만들어집니다.

그 대표적인 전략 중 하나가 '기간 한정 세일'입니다. 기간 한정이라는 표현을 통해 '지금 사지 않으면 손해'라고 느끼게 만듭니다. 결국은 지금 필요한 물건이 아님에도 구매를 하게 됩니다.

마찬가지로 영업 화법에도 활용됩니다. 증권 회사의 영업 사원이 투자 신탁을 고객에게 권유할 때, 이익에 초점을 맞추어 '자산 운용으로 노후 자금을 여유롭게 확보합시다'라고 설명하는 것보다 **'자산 운용으로 노후 자금이 바닥나는 상황을 막읍시다'**라고 손실에 초점을 맞추어 설명하는 편이 고객의 관심을 쉽게 끌 수 있습니다.

심리 분석으로 발견한 마음의 본질을 하나의 수식으로 만들면서 경제학은 크게 발전하였고, 다양한 분야에 널리 응용된다는 사실도 알아보았습니다.

수식은 본질을 명쾌하게 나타내는 힘을 지닌 세계 공용어입니다. 그렇기 때문에 심리학자가 만든 수식이 경제학자에게 영 감을 주고, 세일즈맨과 투자자 등의 업무 방식에도 영향을 주었습니다. 앞으로도 행동경제학은 활용되는 분야가 점점 넓어질 것입니다.

$$v(x) = \begin{cases} x^{\alpha} & (x \geqq 0) \\ -\lambda(-x)^{\beta} & (x < 0) \end{cases}$$

Chapter 3

가상현실을 아주 리얼하게 만든 수식

$$q = a + bi$$

x축 방향의 회전

$+cj+dk$

Z축 방향의 회전

y축 방향의 회전

메타버스의 세계는 이것으로 만든다

q=a+bi+cj+dk

어떤 분야의 수식이야?

가상현실, 메타버스 분야의 기원이 되는 중요한 수식이야.

어디에 사용하는 수식이야?

컴퓨터 영상 속 입체적인 물체를 회전시킬 때 어떻게 보이는지를 계산하기 위한 수식이야.

사원수(쿼터니언)라고 불러.

이 수식이 생겨난 계기는 뭐야? 그리고 세상의 어떤 문제를 해결한 거야?

19세기 수학자 해밀턴이 3차원 공간에서 물체를 회전시킬 때 회전 후의 모습이 어떻게 되는지를 계산하는 방법을 구하려고 만들었어.

해밀턴이 이 연구를 한 이유는 단순히 학문적인 흥미를 위해서야. 그러니까 단순히 수학의 발전을 위해서였지.

컴퓨터가 발전하면서 '제2의 현실'이 되고 있는 가상현실 세계의 뿌리가 되었어.

20세기가 끝나갈 무렵에 3D CG를 사용한 게임이 등장하기 시작한 것은 다들 알고 있을 거야.

그리고 21세기에 들어서자 플레이어가 가상공간 속에서 생활하는 '메타버스'가 등장했어.

메타버스와 3D 게임 속 세계는 항상 주인공의 시점으로 영상이 바뀌거든.

조금 더 자세히 설명하자면, 정면을 보는 주인공이 유저의 조작으로 왼쪽을 볼 때 주인공의 눈에 비치는 세계(유저가 보는 모니터에 비치는 세계)는 90° 돌아가게 돼.

현실에서는 사람이 고개를 움직이면 시점이 따라서 변하는 건 당연한 일이야. 하지만 가상현실 속에서 똑같은 움직임을 재현하려면 엄청나게 많은 계산이 필요해.

101

유저의 시점이 돌아갈 때 현실이라면 어떻게 보일지를 파악하고, 이를 재현하려면 어떻게 되어야 하는지 컴퓨터가 순식간에 계산한 뒤에 영상을 모니터에 비추는 거야.

더 구체적으로 말하자면, 시점이 돌아간 만큼의 각도에 맞춰서 영상 데이터를 회전시키는 계산을 하고 있는 거야.

회전의 계산은 복잡해서 아무리 컴퓨터라고 해도 간단한 일이 아니야. 하지만 사원수를 활용하면 아주 쉽게 계산할 수 있어.

온라인 게임과 메타버스에서는 수많은 유저가 각자 시점을 실시간으로 전환하니까 모든 회전의 계산이 방대하게 이루어지는데, 이 계산을 간단하게 고속으로 할 수 있는 사원수는 편리하고 많은 도움이 돼.

요즘 온라인 게임은 현실을 방불케 하는 아름다운 CG(컴퓨터 그래픽. 컴퓨터로 그린 화면과 영상)로 구성되어 있으며, 컴퓨터 속의 가상공간은 점점 현실에 뒤지지 않을 정도로 퀄리티가 좋아졌습니다.

그리고 가상공간의 끝판왕으로 주목을 받는 것이 컴퓨터 안에 만들어진 가상세계 '메타버스'입니다. 미국의 대기업 Facebook이 메타버스가 차세대 생활에 큰 영향을 줄 것이라 보고 회사 이름을 Meta(메타)로 바꾼 것이 화제가 되기도 했는데, 우리는 점차 현실 세계의 속박을 벗어나 가상 세계로 생활 반경을 넓히고 있습니다.

요즘 버추얼 리얼리티^{VR}는 정말로 리얼합니다. 저도 오다이바의 다이버시티 도쿄에서 아내와 함께 VR 체험을 한 적이 있습니다. 끝없는 좀비 무리에 쫓기다 두 사람 모두 패닉 상태에 빠졌고 아내가 저를 방패로 삼아서 도망가는 사건이 발생했습니다. 저는 아내를 감싸다(자의가 아닌 타의로) 좀비 무리에게 '끔찍한 죽음'을 당하고 마는 비극적인 결말을 맞이했습니다. 그래도 지금 생각해 보면 좋은 추억이었습니다….

원래 이야기로 돌아가서, 메타버스와 3D 게임 속 세계는 항상 주인공의 시점으로 영상이 전환됩니다. 정면을 보던 주인공이 유저의 조작에 따라 왼쪽으로 90° 회전하게 되면, 주인공의 눈에 비치는 세계(유저가 보는 모니터에 비치는 영상)도 90° 돌아갑니다.

현실 세계에서 사람이 고개를 움직이면 시점도 같이 전환되는 것은 당연하지만, 가상현실 안에서는 이를 똑같이 재현하기 위하여 컴퓨터는 뒤에서 방대한 양의 계산을 하고 있습니다. 아무래도 모니터와 VR 고글에 비치는 영상을 플레이어 시점의 움직임에 맞춰서 재빠르게 전환해야 하기 때문입니다.

다시 말해서 **컴퓨터는 플레이어의 시점이 변했을 때 현실 세계에서 보이는 모습, 그러니까 모니터에 어떤 영상이 나와야 하는지 순식간에 계산하여 플레이어가 현실 세계에서 느끼는 시야와 비교해도 위화감이 없을 정도로 빠르게 영상을 전환**합니다.

컴퓨터가 하는 계산을 이해하기 쉽게 말하자면, **시점의 회전에 맞추어 영상 데이터를 다양한 방향으로 회전시키는 것**입니다. 정면을 보던 플레이어가 왼쪽을 바라본다고 가정하면, 플레이어의 시선은 반시계 방향으로 90° 회전한다는 뜻입니다. 여기에 맞춰서 보이는 배경도 90° 회전합니다. 이런 식으로 **플레이어의 시점 변화는 수학적으로 보았을 때 회전에 해당**합니다.

따라서 컴퓨터는 VR 고글을 쓴 플레이어가 고개를 다른 방향으로 틀거나, 컨트롤러로 3D 게임의 주인공이 달리는 방향을 바꾸는 등의 조작에 맞춰서 영상을 고속으로 회전시키는 계산을 한다는 뜻입니다.

회전의 계산은 복잡하므로 아무리 컴퓨터라도 쉬운 일이 아닙니다. 현실 세계와 달리 메타버스와 3D 게임의 배경은 작은 빛의 점(도트)이 모인 것이기 때문입니다.

스마트폰 화면에 물방울이 묻었을 때, 그 부분이 무지개 색 모자이크처럼 보이는 현상을 본 적이 있으신가요? 이는 스마트폰에 비치는 화면이 빨강, 파랑, 초록의 3종류 색깔(3원색)로 구성된 작은 도트가 모여서 만들어진 것이기 때문입니다.

화면에 묻은 물방울이 렌즈처럼 작용하여 작은 도트가 확대되어 보이는데, 이 부분이 모자이크 모양으로 보이게 되는 것입니다.

이렇게 컴퓨터가 비추는 CG 영상은 모두 작은 빛의 점을 배치하여 만든 것입니다. 따라서 **플레이어의 움직임에 맞춰서 영상을 회전시킬 때는 이 모든 점을 한번에 변화시켜야 합니다.** 계산이 방대해지는 이유입니다.

게다가 온라인 게임과 메타버스의 유저는 똑같이 움직이지 않습니다. 각자 다른 타이밍과 방향 및 속도로 시점을 전환하기 때문에 상황마다 보여야 하는 영상의 종류, 다시 말하면 회전의 종류가 수없이 많습니다. 그래서 컴퓨터는 수천 만, 수억 개의 계산을 해야 합니다.

이렇게 많은 회전을 계산해야 하는 상황 속에서 플레이하는 사람이 자연스럽게 느낄 정도로 재빠르게 계산을 실행하기 위해서는, 회전을 간단하게 계산하는 도구가 필요합니다. 이것이 서두의 수식, 쿼터니언(사원수)입니다.

——— '회전'은 '제곱하면 마이너스가 되는 수'로 나타낸다 ┐

사원수는 19세기 아일랜드의 수학자 윌리엄 로언 해밀턴 William Rowan Hamilton이 그 개념을 주장했습니다. 해밀턴은 물체를 3차원 안에서 다양한 방향으로 회전시켰을 때, 회전 후의 자세가 어떻게 변하는지 계산하는 방법을 생각했습니다. 그는 수학자였으므로 업무 차원에서 단순히 수학의 발전을 위해 이러한 연구를 진행했습니다.

좀처럼 좋은 생각이 떠오르지 않아서 전전긍긍하던 그는 어느 날, 아내와 함께 브룸 다리를 건너다가 사원수의 아이디어를 떠올렸습니다. 그는 발견했다는 흥분을 감추지 못하고 그 자리에서 브룸 다리의 돌에 사원수의 수식을 새겼다고 합니다.

$$q=a+bi+cj+dk$$

이 수식에 나오는 문자 i는 '허수 단위'라고 부르며 수의 일종입니다. 하지만 일반적인 수와 다릅니다. **i는 자기 자신을 곱하면(='제곱한다'라고 말합니다) -1이 되는 신기한 수입니다.** 보통의 수는 제곱하면 0 또는 플러스의 값이 나오므로 마이너스가 나올 일은 없습니다. 마이너스에 마이너스를 곱하면 플러스의 수가 나오기 때문입니다. -2×-2=4처럼 말입니다. 플러스의 수끼리 곱하여도 결과는 플러스가 나옵니다. 3×3=9처럼 말이죠.

허수 단위를 사용하면 '회전'을 간단히 나타낼 수 있습니다. 이 이야기는 잠시 뒤로 미루고, 먼저 이해를 위한 사전 준비로 허수 단위에 대하여 자세히 알아보겠습니다.

제곱하여 마이너스가 되는 수, 우리가 사는 세상에서 이렇게 이상한 수를 생각할 필요가 있는지 의문이 듭니다. 하지만 수학의 세계에서는 허수 단위 i를 사용하지 않으면 성립하지 않는 계산이 아주 많습니다. 3차원 방정식($\square x^3 + \bigcirc x^2 + \triangle x + \star = 0$과 같은 형태의 수식)의 x에 맞는 답을 구하려고 할 때, i를 사용하지 않으면 계산이 되지 않는 경우가 있습니다. 이외에도 수학의 세계에서 i는 없으면 안 되는 존재입니다.

그렇다면 제곱하여 -1이 되는 신비한 수 i와 일반적인 수는 어떤 관계가 있을까요? 그림으로 나타내면 그 관계가 명확하게 드러납니다. 먼저 일반적인 수는 [도표 3-1]처럼 수직선으로 나타냅니다.

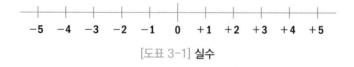

[도표 3-1] 실수

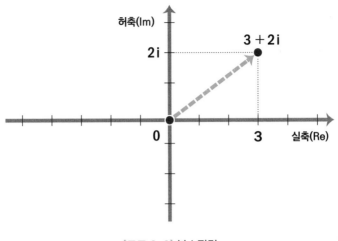

[도표 3-2] 복소평면

반면에 i는 [도표 3-2]처럼 평면으로 나타냅니다. i는 세로축으로 나타나 있습니다. i는 일반적인 수의 수직선 위에 나타낼 수가 없으므로 별도로 i 전용 수직선(그림의 세로축)을 만든 것입니다.

이런 식으로 일반적인 수와 i를 동시에 생각할 때는 일반적인 수 전용의 수직선(가로축)과 i 전용의 수직선(세로축)이 교차된 평면으로 생각하는데, 이 평면을 '복소평면'이라고 부릅니다. 단순히 수학에서 정한 규칙이기 때문에 너무 깊게 생각할 필요는 없습니다. 그냥 그렇구나 하는 정도로만 생각하면 됩니다.

이 복소평면의 점은 일반적인 수에 i의 몇 배를 더한 것에 해당합니다. [도표 3-2]에는 3에 i의 2배를 더한 수 3+2i가 나타나 있습니다. 이런 식으로 일반적인 수와 i의 몇 배를 더한 것을 '복소수'라고 부릅니다.

복소수는 수식으로 나타낼 수도 있습니다. 구체적으로는 복소수complex number의 영어 스펠링을 따서 c라고 하면, c=a+bi라고 쓸 수 있습니다. 여기서 a는 가로축(실축이라고 부릅니다)의 값, b는 세로축(허축이라고 부릅니다)의 값에 해당합니다. [도표 3-2]에서는 a=3, b=2(즉 c=3+2i)의 경우를 나타낸 것입니다.

복소평면을 사용하면 '회전'을 간단히 나타낼 수 있습니다. **i의 곱셈은 90° 회전을 나타냅니다.** 그 이유는 [도표 3-3]을 통해 알아보도록 하겠습니다.

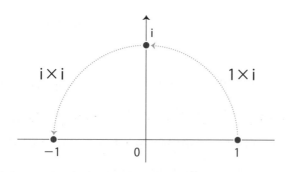

[도표 3-3] i를 곱하면 회전이 발생한다

먼저 1에 i를 곱하는 간단한 계산을 해 보겠습니다. 1×i=i이므로 계산식만 보면 당연하다는 생각밖에 들지 않습니다.

그러나 이를 복소평면 위에 나타내 보면 가로축 위에 있던 1이 i를 곱하면서 세로축 위의 i로 이동한 것을 볼 수 있습니다. 다시 말하면 **i를 곱하면 90° 회전을 하였다고 볼 수 있는 것**입니다.

다시 i를 곱하면 i×i=-1이 되면서 가로축 위로 돌아옵니다. 90° 위치에 있는 i에 i를 곱하면 또다시 90° 회전하여 1에서 보았을 때 180°의 위치에 있는 -1이 되었다고 생각할 수 있습니다.

i를 1회씩 곱할 때마다 90° 회전이 일어난다면, 4회를 곱하면 360° 회전하여 원래 위치로 돌아와야 합니다.

$$1 \times i \times i \times i \times i = (i \times i) \times (i \times i) = (-1) \times (-1) = 1$$

실제로 이렇게 되며 한 바퀴 회전하여 원래대로 돌아온 것을 뜻합니다. 이런 식으로 i를 곱하면 회전을 나타낼 수 있습니다.

90°에 한정되지 않고 어떤 각도의 회전이든 마찬가지로 복소평면 위에 곱셈으로 나타낼 수 있습니다. 복소수를 발견함으로써 어떤 회전이라도 나타낼 수 있게 된 것입니다.

참고를 위해서 이 장의 끝에 45°로 회전하는 경우를 설명해 놓았으므로 관심이 있는 분은 한 번 읽어봐 주세요.

3차원 시선의 움직임을 쫓아라!

이 사고방식의 편리한 점은 '회전' 조작을 곱셈만으로 나타낼 수 있다는 부분입니다. 수학에서는 다른 방법으로 '회전'을 나타내는 방법이 있지만, 복소수를 사용하는 방법보다 계산이 훨씬 더 복잡합니다.

메타버스와 3D 게임 속 세계의 이면에는 '회전'의 방대한 계산이 이루어지고 있으므로 간편한 방법으로 회전을 계산할 수 있다면 아주 편리합니다.

그런데 메타버스와 3D 게임에 필요한 것은 3차원 회전이고, 복소수는 한 방향의 회전만 나타낼 수 있습니다. **3차원 공간에서 회전을 나타내기 위해서는 3방향(가로, 세로, 높이)의 회전을 나타내야 합니다. 그래서 i와 비슷한 문자로 새롭게 j를 추가시켜서 3방향의 회전을 나타낸 복소수의 확장된 3차원 버전이 바로 '쿼터니언'입니다.**

어려워 보이지만 발상은 간단합니다. i만으로는 한 방향의 회전밖에 나타내지 못하므로 남은 두 방향의 회전에 해당하는 j와 k를 새롭게 추가한 것입니다. 추가한 j와 k는 i와 마찬가지로 회전을 나타낸 것이므로 i와 동일한 성질을 가져야 합니다. 따라서 i와 똑같이 제곱하면 −1이 됩니다.

$$i^2=j^2=k^2=-1$$

이렇게 정의합니다. 앞서 i는 90°의 회전을 나타낸 것이라고 설명하였는데, 새로운 정의를 통해서 j와 k도 90° 회전(단, 각각 3차원 공간에서 다른 방향으로 회전하는 것)을 나타낼 수 있게 되었습니다.

제곱을 하면 마이너스가 되는 수(=허수) i를 통해서 곱셈만으로 평면 위에 회전을 나타낼 수 있다고 앞에서 설명하였습니다. 마찬가지로 사원수를 통해서 곱셈만으로 3차원 공간의 회전을 나타낼 수 있습니다.

반복하여 설명하지만, 이러한 회전을 사원수가 아닌 다른 수학적 방법으로 계산하려면 계산이 훨씬 더 복잡해집니다. 사원수는 한번에 이해하기 어려운 개념처럼 보이지만 컴퓨터 기준에서는 가장 간단하게 회전을 계산할 수 있는 방법입니다.

예전에 게임 개발 및 제조와 판매를 하는 회사가 게임 크리에이터를 대상으로 활용하던 수학의 연구 결과를 대중에게 공개하여 화제가 되었습니다. 특히 사원수의 이야기가 상당히 자세히 실려 있었습니다. 사원수는 게임 제작에 빠질 수 없는 수학입니다.

배의 흔들림도 회전 중 하나다

메타버스와 3D 게임뿐 아니라 탈것의 개발에도 사원수가 활용됩니다. 비행기, 배, 자동차 등을 설계할 때는 반드시 '흔들림'을 분석해야 하며 이 '흔들림'은 수학적으로는 회전으로 표현됩니다.

[도표 3-4]에 그 이미지가 실려 있습니다. 일반적으로는 '회전'을 바퀴나 모터의 360° 회전으로 생각할 것입니다. 그러나 '흔들림'은 한 방향의 회전이 아니므로 회전이라는 말을 듣고도 납득하기 어려울 수 있습니다.

그럼에도 '흔들림'은 방향이 빈번히 전환되는 회전으로 볼 수 있습니다. 가로로 흔들리는 경우라면 오른쪽을 바라본다고 생각하다가도 반대로 왼쪽을 바라보는 식으로 방향이 전환되는 형태입니다.

단순히 빙글빙글 도는 회전은 계산도 간단하므로 쿼터니언을 사용하지 않아도 됩니다. 하지만 '흔들림'은 방향이 빈번히 전환되는 만큼 훨씬 더 복잡합니다. 그래서 쿼터니언처럼 계산을 간단히 만드는 방법이 중요합니다.

배의 흔들림은 전문 용어로 '롤링'이라고 부릅니다. [도표

3-4]의 왼쪽 그림에 나타나 있듯이 배를 정면에서 봤을 때의 회전 운동이라고 할 수 있습니다. 롤링이 격해지면 승객은 멀미로 인해 기분이 나빠지고 자칫하다가는 배가 전복될 수 있습니다. 따라서 배를 설계하는 단계에서 흔들림 분석은 반드시 이루어져야 합니다.

현대에 들어와서는 배를 실제로 만들기 전에 컴퓨터로 흔들림을 분석하여 이를 최소한으로 억제하게끔 선체를 설계합니다. 배의 흔들림은 [도표 3-4]처럼 3방향의 종류가 있으므로 3방향의 회전을 나타내는 쿼터니언이 여기에서도 활약합니다.

롤링(좌우로 흔들림)   **피칭**(앞뒤로 흔들림)   **요잉**(뱃머리의 흔들림)

[도표 3-4] 배가 흔들리는 유형

이렇게 쿼터니언은 버추얼에서 리얼까지 현 사회를 떠받드는 소중한 존재입니다.

19세기의 수학자가 단순히 학문적 과제(3차원의 회전을 수학으

로 다루고자 한 것)를 해결하기 위해 만든 수식이 **21세기 정보화 사회에서 사람들의 버추얼 경험을 떠받치고 있다**는 이야기를 들려드렸습니다.

보시다시피 수식은 시대를 초월하여 생존하므로 수식을 만든 당시에는 상상하지도 못했던 분야에 응용되는 일도 많습니다.

45° 회전은 어떻게 나타낼까?

90°는 i의 곱셈으로 나타낼 수 있다는 이야기를 했습니다. 그렇다면 다른 각도는 어떻게 나타낼까요? 사실 다른 각도를 나타낼 때는 90°를 나타낼 때보다 복잡해지기 때문에 본문에서는 굳이 다루지 않았습니다.

여기에서는 궁금하신 분을 위해 45°를 나타내는 방법을 설명하겠습니다. 다만 이 내용을 모르더라도 이 장의 전체를 이해하는 데 문제가 없기 때문에 넘어가도 괜찮습니다.

결론부터 말하자면, **45° 회전을 나타내는 복소수는 하나만 있는 것이 아닙니다.**

예를 하나만 들어 보면 1과 i를 더한 것, 다시 말해 1+i는 45° 회전을 나타내는 복소수 중 하나입니다. [도표 3-5]처럼 복소평면에 1+i를 써 보면 각도가 45°인 것을 확인할 수 있습니다.

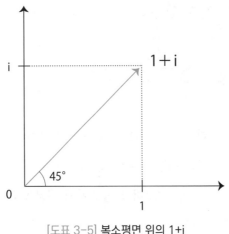

[도표 3-5] 복소평면 위의 1+i

여기서 재미있는 실험을 하나 해 보겠습니다. 앞서 복소평면
의 회전은 수의 곱셈으로 나타낼 수 있다고 하였습니다. 1×i를
예시로 들었는데, 이번에는 1+i에 1+i를 곱하면 어떻게 될까
요? 한번 알아보겠습니다.

$$(1+i) \times (1+i)$$
$$= 1 \times 1 + 1 \times i + i \times 1 + i \times i$$
$$= 1 + i + i - 1$$
$$= 2i$$

이러한 결과가 나옵니다. 1+i를 제곱하면 2i가 나온다는 뜻입
니다. 2i의 위치를 복소평면 위에서 확인해 보면, [도표 3-6]처

럼 딱 90°의 위치에 있습니다. 다시 말하면 45°를 나타내는 복소수 (1+i)를 제곱하여 90°를 나타내는 복소수 2i가 되었다는 뜻입니다. 이는 각도로 바꿔서 말하면 '45°+45°=90°'를 계산한 것이 됩니다.

'45°+45°=90°'라는 각도의 덧셈을 나타내는 계산이 곱셈이 된다는 것은 직감적으로 말이 안 된다고 생각할 수 있습니다. 가령 1+i가 45°를 나타낸다면 여기에 1+i를 더하여(1+i를 2배로 곱한다) 90°를 만들 수 있을 것 같지만 실제로는 그렇지 않습니다. 여러분이 직접 복소평면에 1+i의 2배, 2+2i를 그려 보면 쉽게 알 수 있습니다. 2+2i는 45°입니다. 따라서 이 계산으로는 '45°+45°=90°'를 잘 나타내지 못한 것입니다.

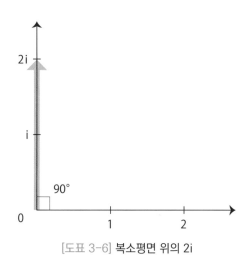

[도표 3-6] 복소평면 위의 2i

이렇게 **복소평면에서 회전을 생각할 때는 덧셈이 아니라 곱셈이어야 한다는 점을 주의해야 합니다.** 직감적으로 이해하기 어려울 수 있지만 직접 계산하면서 복소평면 위에 그려 보면 점점 익숙해질 것입니다.

저는 대학교와 대학원에서 소립자물리학을 전공하였는데, 어떤 교수님이 **'아는 것은 계산에 익숙해지는 것이다'**라고 하신 말씀이 인상 깊게 남아 있습니다. 실제로 내용을 머릿속으로 생각하는 것에 그치지 않고, 손으로도 직접 썼을 때 훨씬 더 이해하기 좋았습니다. 그런 경우를 많이 경험하였습니다.

여러분도 속는 셈 치고 직접 손으로 쓰면서 익혀 봅시다!

Chapter 4

돈을 '창조하는' 수식

첫 번째 리스크 팩터에
노출되는 정도

$$E(R) = r + \beta_1 \lambda_1 +$$

예금 금리

기대되는 운용 이익
(리턴)

첫 번째
리스크 팩터에
대한 보상

n번째 리스크 팩터에
노출되는 정도

$$\beta_2 \lambda_2 + \cdots + \beta_n \lambda_n$$

n번째 리스크 팩터에
대한 보상

투자를 도박과 선을 긋는 존재로 만들었다

$$E(R) = r + \beta_1\lambda_1 + \beta_2\lambda_2 + \cdots + \beta_n\lambda_n$$

어떤 분야의 수식이야?

자산 운용에 반드시 있어야 하는 공식이야.

어디에 사용하는 수식이야?

주식 등에 투자했을 때, 어느 정도의 이익을 기대할 수 있는지를 계산하기 위한 수식이야.

이 수식이 생겨난 계기는 뭐야? 그리고 세상의 어떤 문제를 해결한 거야?

예전에는 투자 후의 결과를 예측하는 수단이 전혀 없었기 때문에 투자는 모 아니면 도라는 식의 도박으로 보았어.

그러니까 경제적인 의미는 아무것도 없었던 거지.

미국의 경제학자 윌리엄 샤프William F. Sharpe는 투자라는 행위의 경제학적 의미를 연구하여 투자에 동반하는 리스크와 투자 이익 사이의 관계성을 이론으로 만들었어.

경제학자 스테판 로스 Stephen A. Ross가 샤프의 이론을 발전시켜서 1976년에 발표한 것이 바로 이 수식이야.

이 수식으로 세상은 어떻게 바뀌었을까?

샤프는 이 업적으로 1990년에 노벨 경제학상을 받았는데, 들어 본 적 있어?

도박과 동일한 취급을 받았던 '투자'는 샤프의 연구를 통해서 나라의 경제 성장을 촉진하고 개인의 계획적 자산 형성을 돕는 행위라는 인식이 퍼졌어.

그러니까 이 수식은 돈을 어떻게 하면 현명하게 늘릴 수 있는지 알려준다고 할 수 있어.

전 세계의 금융 기관, 증권 회사, 자산 운용 회사, 그리고 개인이 이 수식을 통해서 투자하고 있지.

인생 100세 시대에 자산 형성에 도움이 된다고 해서 최근 주목을 받고 있는 '인덱스 투자'라는 말을 들어 봤어? 이 투자 방법도 똑같은 수식을 활용하고 있어.

돈을 잘 불리기 위한 수식

이 수식은 여러분이 주식 등을 샀을 때, 어느 정도의 가치 상승을 기대할 수 있는지를 나타냅니다.

주식 투자에 관한 수식은 금융 기관의 전문가만 알면 되니까 나와는 전혀 상관이 없다고 생각할 수도 있습니다. 그러나 이 수식은 우리가 돈을 더 잘 이해할 수도 있게 도와주며 속는 일도 방지해 줍니다. 그래서 꼭 알아 두어야 합니다.

저의 직업은 '퀀트'입니다. 퀀트는 수학을 구사하여 돈을 늘리는 전문직입니다. 말하자면 수식을 사용하여 돈을 '창조'하는(=돈을 늘리는) 것이 업무입니다. 여기서 단순히 돈을 '늘린다'라고 말하지 않고 '창조한다'라고 말하는 이유는, 늘어난 돈이 생활의 질을 올리고 인생을 풍요롭게 만들어 주기 때문입니다.

지금은 보험 회사에서 일하고 있으며, 고객이 지불한 보험료를 운용하고 있습니다. 보험 회사의 비즈니스는 다수의 고객에게 보험료를 받고, 이를 자산 운용으로 늘린 다음에 필요한 상황이 오면 보험료를 지불하는 것입니다. 어떤 방식으로든 고객에게 보험금으로 돌아갈 돈을 수리적인 기술을 구사하여 아주 소중하게 운용하고 있습니다.

모든 행위가 보험이라는 시스템을 통해 고객 여러분의 인생을 지키는 일로 이어집니다. 그렇기 때문에 '창조'라는 표현을 사용합니다.

이야기가 주제에서 살짝 벗어났으니 다시 돌아가겠습니다. 퀀트는 돈을 창조하기 위해 수많은 수식을 구사하는데, 이번에 알아볼 수식은 그중에서도 특히 중요한 수식입니다. 덧붙여 말하자면 돈을 주식 등에 투자하여 늘리는 행위, '자산 운용'에 관한 수식입니다.

이 같은 수식이 세상에 많이 알려져 있지 않기에 사실 너무 안타깝습니다. **이 수식의 의미를 이해하면 돈을 잘 불려서 편안하게 사는 비결을 손에 넣을 수도 있기 때문입니다.**

따라서 금융 기관의 전문가뿐 아니라 모든 사람이 알았으면 하기에 소개하고자 합니다. 수식을 직접 계산하는 정도까지 이해할 필요는 없지만, 투자란 무엇인지를 아는 데 도움이 되므로 알아 두면 아주 큰 힘이 될 것입니다.

인생이 길어질수록 삶에서 자산 운용의 이해는 중요해집니다. 대부분의 사람은 퇴직한 뒤에 일할 때보다 수입이 줄어들기 때문입니다. 회사원은 일하는 동안에는 급여를 받지만 퇴직하고 나면 오직 연금만이 수입으로 남습니다(별도로 퇴직금을 받는

$$E(R) = r + \beta_1 \lambda_1 + \beta_2 \lambda_2 + \cdots + \beta_n \lambda_n$$

사람도 있습니다).

오래 살수록 많은 돈을 사용합니다. 퇴직하고 죽을 때까지의 시간이 길어지면 노후 자금이 부족해질 확률이 높아집니다. 금융 기관에서 일하는 금융 전문가들은 이를 '장수 리스크'라고 부르며 현대에 등장한 새로운 리스크로 보고 있습니다.

장수 리스크의 유효한 대책 중 하나가 '투자'입니다. 여기서 말하는 투자는 급여 등의 형태로 얻은 수입의 일부로 주식 등을 산 다음에, 가치 상승과 주식 배당 등으로 다시 수입을 얻는 행위입니다. 이번 수식은 이러한 투자의 기본 사고방식을 나타낸 것입니다.

자, 이제 이 수식의 의미를 더욱 깊게 알아보도록 합시다.

예로부터 '일하지 않는 자는 먹지도 말라'는 말이 있을 정도로 우리는 노동을 중시합니다. 반면에 투자는 도박과 비슷한 취급을 받는 분위기가 있었습니다. 현재는 그러한 분위기가 바뀌고 있지만 투자에 대해 거부감을 느끼는 사람도 여전히 많다고 생각합니다.

반면에 미국은 어릴 때부터 투자 교육을 받기 때문인지 투자를 당연하게 생각하며, 미국은 가계의 자산 중 절반 이상을 주식이 차지하고 있습니다.

노동을 중시한 국가의 역사에서 보면 땀을 흘리지 않고 주식 등의 투자만으로 자산을 늘리는 행위는 '괘씸하다'고 볼 수도 있습니다. 그러나 실제로는 투자자(=주식 등에 투자하는 사람)도 노동자와 똑같이 '희생'을 지불하여 사회에 공헌하고 있는 것입니다. '희생'이란 노동자의 경우에는 자유로운 시간과 노력, 정신적인 인내 등입니다.

그렇다면 투자자는 도대체 무엇을 '희생'하고 있는 것일까요?

본질을 이해하기 위해서 먼저 투자란 무엇인지 알아보는 일부터 시작해 보겠습니다. **투자란 장기적인 이익을 위해서 장래성이 있는 투자처에 출자하는 행위입니다.**

대부분의 경우에 투자처는 기업이 됩니다. 기업에 투자하는 방법은 크게 2가지가 있으며 하나는 '주식', 또 다른 하나는 '채권'입니다.

주식은 기업이 어떤 사업을 시작하려고 할 때 그 자금을 일반 투자자로부터 모으기 위한 것입니다. 주식회사가 그 사업에 찬성하고 지지하는 투자자를 대상으로 돈(출자금)을 모으기 위해 발행하는 티켓을 주식이라고 생각하면 이해하기 쉽습니다.

주식회사는 출자한 금액만큼 투자자에게 주권을 넘깁니다(옛날에는 주권이 종이였지만 현재는 전자증권으로 교부됩니다). 이 주권을 얻은 사람들이 주주가 됩니다. 따라서 주식은 출자증명서와 같습니다.

참고로 이때 투자자로부터 얻은 돈은 빚이 아니므로 기업은 돌려줄 필요가 없습니다. 주식회사는 주주의 출자금을 사용하여 비즈니스를 진행하고, 얻은 이익의 일부를 '배당(주주에게 주는 돈)'으로 주주에게 환원합니다.

주가는 매일 변합니다. 어느 기업이 성장할 것 같고, 커다란 이익을 낼 것이라 기대를 받으면 기업의 주식을 사는 사람이 늘어나 주식 자체의 가격(=주가)이 상승합니다. 그러면 주주는 상승한 분에 대해서도 이익을 얻을 수 있습니다.

반대로 기업이 어떤 문제를 일으키거나, 경영 실패를 겪거나, 적자를 보는 등 기업에 대한 기대가 낮아지면 주가도 낮아질 수 있습니다.

다시 말하면 **주식 투자는 기업에 비즈니스 밑천을 제공하는 대신에 기업이 비즈니스를 통해 얻은 이익을 환원하여 받는 win-win 관계를 쌓을 수 있는 행위**입니다.

반대로 비즈니스가 잘 풀리지 않으면 주가가 내려가고 배당이 줄어들며 주주도 손해를 입습니다.

사채와 주식은 이것이 다르다

다음으로 사채를 알아보겠습니다. **사채**社債**는 기업이 투자자를 대상으로 자금을 빌리기 위해서 발행하는 차용증**(얼마나 빌렸는지를 나타내는 증명서)**을 뜻합니다.** 기업은 비즈니스를 진행하기 위해서 많은 돈이 필요하므로 사채를 발행하여 투자자의 돈을 빌립니다.

투자자를 통해 돈을 조달한다는 의미로 따지면 주식과 사채모두 똑같지만, 사채는 변제할 기일이 정해져 있는 '빚'이라는 점에서 차이가 있습니다. 주식은 '출자금(=변제하지 않아도 된다)', 사채는 '빚(=변제해야 한다)'입니다. [도표 4-1]에 주식과 사채의 주요 특징을 정리해 놓았습니다.

자산의 종류	다른 말	이익의 원천
주식	출자증명서	배당, 상승분
사채	차용증	이자

[도표 4-1] 주식과 사채의 특징

사채의 변제 기일을 만기滿期라고 하며, 만기 전까지 빌린 사람이 정기적으로 지불하는 이자가 투자자의 이익이 됩니다. 만기가 되면 기업은 최초로 빌린 돈(원본)을 투자자에게 돌려주어야 합니다. 그러나 기업이 파산하여 돈을 변제하지 못하거나, 경영 상태가 악화하여 이자 지급이 밀리는 리스크도 있습니다.

다시 말하면 주식과 사채 투자는 자신의 돈을 기업에 융통하면 기업이 비즈니스에 활용하고, 이익을 얻는 만큼 자신의 몫을 가져가는 win-win 관계를 목표로 합니다. 따라서 주식과 사채에 투자하는 것은 사회를 움직이는 커다란 돈의 흐름에 관여한다는 뜻입니다.

이런 식으로 투자자는 노동자와 다른 방법으로 사회의 발전에 공헌합니다.

세상에는 애초에 노동을 본질적으로 '싫은 것'이라고 느끼는 사고방식이 존재합니다. 아무리 일을 좋아하는 사람이라고 해도 10원도 받지 않고 일하기를 원하는 사람은 없을 것입니다. 일을 인생과 같은 가치로 두는 사람도 있을지 모르지만, 대부분의 경우에는 취미생활을 즐기거나 가족과 단란하게 보내야 할 '시간'을 일하는 데에 치중하고 있습니다. 그러므로 이에 대한 '감사'의 마음으로 돈을 지불합니다.

투자자는 언뜻 보면 '싫은 것'을 짊어지기 싫어하는 것 같지만 사실은 희생을 지불하고 있습니다.

$$E(R) = r + \beta_1\lambda_1 + \beta_2\lambda_2 + \cdots + \beta_n\lambda_n$$ **133**

결론부터 말하자면 **투자자는 '손해를 볼 수도 있다'라는 리스크(=싫은 것)의 보상으로 이익을 얻습니다.** 비즈니스가 성공할지 실패할지 예측하는 일은 어렵고, 투자한 기업이 순조롭게 성장할 때도 있지만 그렇지 못한 경우도 많습니다. 따라서 주식과 채권의 가격은 항상 변화하며 여기에 투자하는 투자자의 자산도 불확실한 변동에 노출되어 있습니다.

예를 들어 앞서 말한 것처럼 투자한 기업의 비즈니스가 예상보다 순조롭게 진행된다면, 그 기업은 배당을 늘리는 것을 검토할 수 있으며 기대감이 증가하여 주가도 오를 것입니다.

반대로 비즈니스가 예상과 달리 잘 풀리지 않으면 배당이 줄어들고 주가가 하락할 수 있습니다. 사채도 기업이 원래 예정대로 돈을 변제하면 이자 수입을 얻을 수 있지만, 재무 상황이 악화하면 이자의 지불이 밀리거나 그대로 도산하여 돈을 받지 못할 수도 있습니다.

다시 말하면 **주식과 사채를 사는 것은 투자처인 기업의 비즈니스가 가지는 리스크를 투자한 금액만큼 자신도 떠안는다는 뜻입니다.**

누구나 리스크는 피하고 싶습니다. 그렇기 때문에 비즈니스의 밑천을 제공하고, 비즈니스의 리스크를 자신의 돈으로 짊어지는 투자자는 비즈니스를 진행하는 사람의 입장에서 아주 감사한 존재입니다. 따라서 **기업은 리스크를 짊어진 것에 '감사'의 마음을 배당과 이자 등의 형태로 투자자에게 돌려줍니다.**

자신의 재산을 은행 예금 안에 가만히 두기만 하면 이러한 보상은 받을 수 없습니다. 리스크를 짊어지지 않고 '감사'의 마음(=운용 이익)은 받을 수 없습니다.

지금까지 투자자는 리스크의 보상으로 투자 이익(=리턴)을 얻는다는 이야기를 해 보았습니다.

그런데 투자의 리스크는 종류가 하나만 있는 것이 아니며 주식과 사채의 가격을 움직이는 리스크 요인(=리스크 팩터)은 여러 가지가 존재합니다. 그리고 각 리스크 팩터에 대해 투자자는 보상을 받을 수 있습니다. 각 보상의 합계가 투자자의 리턴이 됩니다.

'리스크 팩터'는 무엇일까?

투자 성과에 영향을 주는 리스크 팩터의 예시를 [도표 4-2]에 나타냈습니다. 경기 순환, 인플레이션 등 수많은 기업과 사람들에게 영향을 주는 요인이 무엇인지 알 수 있습니다. 이 요인들은 경제 전체를 커다란(=거시적) 시점으로 보았을 때 중요한 것이므로 '거시적 요인'이라고도 부릅니다.

장르를 불문하고 모든 기업의 이익과 비즈니스에 영향을 주는 요인이기 때문에 투자자는 이 리스크 팩터에 대한 보상이 필요합니다. 보상의 크기를 결정하는 방법으로, 리스크 팩터에 노출된 정도가 큰 기업의 주식과 채권일수록 낮은 가격에 거래됩니다. 당연한 결과라고 볼 수 있는데, 리스크가 높은 주식을 높은 가격에 팔아도 살 사람이 아무도 없기 때문에 가격이 낮은 것입니다.

낮은 가격으로 사게 되면, 투자처의 기업이 비즈니스를 성공시키고 주식 배당을(또는 사채의 이자나 원본을 만기일까지) 지불했을 때 투자자는 적은 투자금으로 이익을 얻을 수 있기 때문에 높은 투자 이율을 얻습니다.

반대로 리스크 팩터에 노출되는 정도가 낮은 기업의 주식과 채권은 높은 가격에 거래되므로(비싸도 사는 사람이 있으므로) 투자 이율은 낮습니다.

이렇게 보면 [도표 4-2]에 적힌 리스크 팩터보다 각 기업에서 발생하는 특수한 사건이 주가에 더 큰 영향을 주는 것 같다는 생각이 들 수도 있습니다. 예를 들면 신제품의 성공(주가 상승의 요인)이나, 사장의 불상사(주가 하락의 요인) 등이 있습니다. 그러나 이러한 요인은 크게 신경 쓸 필요는 없습니다.

리스크 팩터	요인
1. 경기 순환	나라와 지역의 호황·불황의 흐름이 기업 실적을 좌우한다.
2. 금리	장기 국채의 금리는 기업 융자의 이율에 영향을 준다.
3. 인플레이션	너무 낮아도, 너무 높아도 경제의 정체로 이어진다.
4. 신용	신용이 낮은(=도산 리스크가 높다) 기업일수록 사채의 이율이 높다. 그렇지 않으면 수지 타산이 맞지 않는다.
5. 신흥국	신흥국 기업에 투자하는 것은 선진국 기업에 투자하는 것에 비해 정치적 혼란, 통화 폭락, 외부 자본의 압력 등과 같은 리스크를 짊어진다.

[도표 4-2] 리스크 팩터의 예시

그 이유는 일반적으로 프로 투자자는 수백 수천 개의 기업에 넓고 얕게 투자하기 때문입니다. 이런 식으로 **여러 기업의 주가에 자금을 분산하여 투자하는 것을 '분산 투자'라고 부릅니다.**

한 회사에 자금이 집중되면 그 기업의 비즈니스가 실패하여 파산하였을 때 한 번에 큰 손실을 입고 맙니다. 그렇게 되지 않도록 안전을 위해 여러 기업에 분산 투자를 하는 것이 프로 투

$$E(R) = r + \beta_1\lambda_1 + \beta_2\lambda_2 + \cdots + \beta_n\lambda_n$$ **137**

자자의 기본입니다. 분산 투자를 하면 여러 투자처 중 한 곳이 파산하더라도 그만큼 영향을 덜 받습니다.

다시 말해서 여러 기업에 분산하여 투자하면 각 기업에서 일어나는 특수한 사건은 전체의 투자 결과에 그렇게 큰 영향을 주지 않게 됩니다. 그래서 회사 하나하나의 사정은 크게 신경을 쓰지 않아도 됩니다.

반면에 경기 순환이나 인플레이션 등의 요인은 모든 기업에 영향을 미치므로 이러한 거시적 요인이 투자 이익에 가장 큰 영향을 미친다고 할 수 있습니다.

정리하면 **리스크 팩터에 노출되는 정도가 큰 주식이나 채권일수록 투자 리턴이 커지며, 반대로 노출되는 정도가 작을수록 투자 리턴이 낮아집니다.**

투자 대상이 리스크 팩터에 얼마나 노출되어 있는지에 따라 투자 리턴이 정해진다는 이론을 '멀티팩터 모델'이라고 부릅니다.

이제 멀티팩터 모델의 수식을 이해하기 위한 준비가 모두 끝났습니다.

수식의 좌변과 우변에 나와 있는 문자의 설명은 다음과 같습니다.

〈좌변〉

E(R) : 기대되는 투자 리턴. R은 리턴, E는 expectation(기대)의 이니셜

〈우변〉

r : 예금 금리

β_i : i번째 리스크 팩터에 노출된 정도

λ_i : i번째 리스크 팩터에 대한 보상

따라서 이 수식은 각 리스크 팩터의 '노출된 정도×보상'만큼 이익을 얻을 수 있고, 합계가 최종적인 투자 이익이 된다는 것을 뜻합니다.

이 내용만으로는 이해하기가 어려우므로 예시를 통해 알아보겠습니다. [도표 4-2]를 보면 첫 번째 리스크 팩터는 '경기 순환'

$$E(R) = r + \beta_1\lambda_1 + \beta_2\lambda_2 + \cdots + \beta_n\lambda_n$$ **139**

이라고 되어 있습니다. 따라서 β_1가 경기 순환에 영향을 받는 정도, λ_1가 그 보상(값이 내려가는 정도)을 뜻합니다.

은행의 비즈니스는 경기의 영향을 크게 받습니다. 호경기에 기업은 은행으로부터 돈을 계속 빌려서 비즈니스를 확대하려고 할 것이므로 은행의 실적도 좋아집니다.

그러나 불경기에는 돈을 빌리는 기업이 줄어들고, 실적이 악화하여 파산하면 은행으로부터 빌린 돈을 갚지 못하는 기업이 속출하여 은행의 실적도 악화합니다.

따라서 은행의 주가는 경기 순환의 영향을 받기 쉽고, 경기가 좋을 때는 값이 크게 상승하지만 경기가 나쁠 때는 크게 하락합니다. 이렇게 은행 주식의 β_1은 큰 값이 됩니다.

반면에 식품 산업은 경기 순환의 영향을 별로 받지 않습니다. 여러분도 경기가 좋다고 해서 밥을 평소보다 3배 이상 먹지 않을 것이고, 경기가 나쁘다고 해서 3일에 한 끼만 먹는 극단적인 행동은 하지 않을 것입니다. 경기가 좋든 나쁘든 간에 먹는 양은 크게 변하지 않습니다.

따라서 식품과 관련된 비즈니스는 경기에 크게 좌우되지 않습니다. 식품 산업의 주가는 경기 순환의 영향을 받기 어려우므로 β_1의 값이 작습니다. 이런 식으로 투자하는 곳이 바뀌면 리스크도 변화합니다.

금융 기관에서 일하는 프로 투자자는 '어느 기업, 어느 업종에 투자할 것인가'를 고민하지 않고 그 배경에 있는 '어떤 리스크를 짊어지고 있는가'에 주목하여 투자하고 있습니다.

멀티팩터 모델은 학술적으로는 APT$^{\text{Arbitrage Pricing Theory}}$라고 부르는 경제학 이론을 토대로 합니다. APT는 '재정가격결정이론'입니다. 이 이론에는 **'경제적으로 같은 가치를 지니는 것은 같은 가격이 된다'**라는 사고방식이 깔려 있습니다. 이렇게 말할 수 있는 이유가 무엇인지 알아보겠습니다.

어느 기업의 주식이 뉴욕 증권거래소에서는 100달러, 싱가포르 증권거래소에서는 105달러에 거래된다고 가정해 보겠습니다. 이때 뉴욕 증권거래소에서 그 주식을 100달러에 1주 구매한 뒤, 싱가포르 증권거래소에서 105달러로 판매하면 차익으로 5달러의 이익이 발생합니다. 이 거래를 반복하면 1000달러, 1만 달러 넘게 돈을 벌 수 있습니다.

경제적으로 같은 가치를 지닌 것이 다른 가격으로 거래되는 상황은, 가격이 낮은 곳에서 구매한 뒤 높은 곳에서 판매하면 아무런 리스크를 짊어지지 않고 이익을 얻을 수 있다는 뜻입니다. 이러한 거래를 '차익거래'라고 부르며 차익거래가 이루어지는 기회를 '차익거래 기회'라고 부릅니다.

금융 업계에서는 리스크라는 희생을 지불하지 않고 돈을 버는 차익거래 기회를 우스갯소리로 '프리 런치Free lunch(공짜 점심)' 라고 부르기도 합니다. 차익거래 기회가 존재하면 리스크를 짊어지지 않고 이익을 얻을 수 있으므로 투자자가 이를 발견하면 차익거래를 시도하여 돈을 벌려고 할 것입니다.

이 차익거래의 영향을 받고 뉴욕 증권거래소의 주가는 매수가 우세가 되어 상승합니다. 반면에 싱가포르 증권거래소에서는 매도가 우세가 되어 주가가 하락합니다. 그리고 두 증권거래소의 주가가 같아지는 순간 차익거래 기회는 소멸합니다.

다시 말하면 **경제적으로 같은 가치를 지니는 주식이나 사채가 우연히 다른 가격으로 거래되고 있다고 하더라도, 이를 발견하여 투자자가 차익거래를 하면 주가는 같아집니다.** 따라서 '경제적으로 같은 가치를 지니는 것은 같은 가격이 된다'라고 생각해도 무방합니다.

물론 차익거래 기회를 모든 투자자가 놓치고 있다면 주가가 같아지는 현상은 발생하지 않습니다. 그러나 현대 금융 시장에는 전 세계의 아주 우수한 투자자들이 산더미처럼 모여서 참가하고 있으므로 모든 투자자가 차익거래 기회를 놓치는 일은 없습니다. 그래서 주가의 불일치는 발생하더라도 곧바로 해소된다고 보아야 합니다.

이러한 사고방식은 경제학에서 말하는 '일물일가一物一價의 법칙(같은 경제적 가치를 지닌 것은 같은 가격이 된다)'이 자산 운용의 세계에서도 성립하는 것을 뜻합니다.

투자자에게 주식과 사채의 경제적 가치는 결국 '얼마나 벌 수 있는가'라는 리턴입니다. '리턴은 리스크의 대가'이므로 주식과 사채의 리턴은 여기에 투자함으로써 짊어지는 리스크의 크기에 따라 결정됩니다. 앞선 차익거래의 사고방식을 따르면 **'짊어지는 리스크의 크기가 같다면 리턴도 같아질 것이다**(반대로 말하면 **리턴을 얻기 위해서는 상응하는 리스크를 짊어져야 한다)'**라고 볼 수 있습니다.

이 사고방식이 멀티팩터 모델의 토대입니다.

리턴은 리스크의 대가라는 대원칙을 깨닫는다면 은행원이나 증권 회사의 영업 사원이 내뱉는 달콤한 말에 잘 넘어가지 않게 됩니다.

세상은 달콤한 투자 이야기로 넘쳐납니다. 리스크를 짊어지지 않고 커다란 이익을 얻을 수 있다는 은행원의 말을 듣고 진짜인 것 같다는 생각을 한 적도 있을 것입니다. 그럴 때는 이 단원의 수식을 떠올리세요.

'리스크를 짊어지지 않아도 돈을 벌 수 있어요'라는 말은 애초에 이론적으로 불가능합니다. 굳이 따지자면 앞선 '차익거래 기회'가 리스크를 짊어지지 않고 돈을 벌 수 있는 기회에 해당합니다. 그러나 차익거래 기회는 금융 업계의 프로라고 하여도 좀처럼 발견하기가 어렵습니다.

약간이라도 차익거래 기회가 발생한다면 전 세계의 헤지펀드와 금융 기관이 달려들어 그 기회를 이용하려고 할 것이므로 차익거래 기회는 순식간에 소멸합니다. 이렇게 달콤한 기회를 일부러 다른 사람에게 양보하는 사람은 존재하지 않습니다.

상위 헤지펀드에는 하버드 대학교나 MIT(메사추세츠 공과대학교)의 수학과를 수석으로 졸업한 학생과 프로 투자자가 득실득

$$E(R) = r + \beta_1 \lambda_1 + \beta_2 \lambda_2 + \cdots + \beta_n \lambda_n$$ **145**

실합니다. 그중에는 노벨 경제학상을 받은 학자가 참가하는 경우도 있습니다. 차익거래 기회로 돈을 버는 경쟁자는 이러한 사람들입니다.

따라서 투자에는 리스크가 따르는 법이라고 생각하는 편이 좋습니다. '아무런 손해 없이 크게 벌 수 있습니다!'라는 말은 믿으면 안 됩니다.

　중요한 것은 리스크를 적절히 짊어지고 장기적인 시야로 운영하는 것입니다. 그렇다면 구체적으로 어떻게 하면 좋을지 알아야 하는데, 현재는 최대한 안전하고 간단하게 투자를 할 수 있는 방법이 있습니다. 이를 '인덱스 투자'라고 부릅니다. 인덱스 투자는 한 마디로 말하자면 **수많은 기업에 소액으로 분산 투자를 하는 투자 방법**입니다.

　앞서 설명하였듯이 프로는 안정성을 중시하며 한 회사에 투자 자금이 집중되지 않도록 분산 투자를 합니다. 인덱스 투자는 자산 운용 전문가가 아닌 개인도 간단히 할 수 있는 방법입니다.

　그렇다면 인덱스 투자라고 부르는 이유를 알아보도록 하겠습니다.

　'주가 지수'라는 단어를 들어 본 적이 있으신가요? 주식 시장 전체의 가격 변동을 나타내는 지표를 뜻하며 나라를 대표하는 우량 기업의 주가 동향을 바탕으로 하여 계산합니다. 주가 지수에 채용되는 기업은 전문 기관이 선출한 우량 기업들입니다.

　인덱스 투자는 안전한 운용을 위해서 이러한 주가 지수에 채용되는 우량 기업에 한정하여 분산 투자를 합니다. 지수는 영어로 인덱스^{index}이므로 투자 방법도 인덱스 투자라고 부릅니다.

인덱스 투자를 하기 위해서는 증권 회사에서 판매하는 '투자신탁'을 구매해야 합니다. 이 투자신탁의 이면에는 금융의 프로가 있습니다. 여러분이 투자신탁을 10만 원어치 구매한다면, 10만 원을 작게 나누어서 주가 지수를 채용하는 여러 기업에 조금씩 투자합니다. 그리고 투자한 결과로 나오는 손해와 이익을 여러분에게 돌려줍니다.

전 세계의 수많은 사람이 이 방법을 이용하여 리스크를 적절히 짊어지면서 자산을 늘리고 있습니다.

멀티팩터 모델의 수식을 더 자세히 알아보겠습니다. 리스크 팩터에 노출된 정도(β)가 모두 0인 경우에는 어떻게 될까요?

이 경우는 주식과 사채를 비롯한 모든 것에 투자하지 않고 은행에 저금하기만 하는 상태를 가리킵니다. 당연하게도 예금 이익(수식 중 r)만 얻을 수 있습니다.

실제로 이처럼 어디에도 투자하지 않는 사람들이 제법 많습니다. '투자는 원금을 깎아 먹을 수 있으니 위험하다', '저축은 원금이 줄어들지 않으니 안전하다'라는 생각이 깔려 있기 때문입니다.

그러나 저축이 무조건 안전하다고 볼 수는 없습니다. 물건의 값이 점점 올라가는 '인플레이션'이 발생하면 투자하지 않는 사람은 오히려 불리해질 위험이 있습니다.

최근에는 일본에서도 인플레이션이 문제가 되고 있습니다. 지갑에 10,000원이 있다면 1개에 1,000원인 사과를 10개 살 수 있지만, 인플레이션이 발생하여 사과 1개 가격이 3,000원으로 오른다면 똑같은 10,000원이라도 사과는 3개밖에 살 수 없습니다. 인플레이션이 발생하면 같은 금액이라도 살 수 있는 것이 줄

$$E(R) = r + \beta_1\lambda_1 + \beta_2\lambda_2 + \cdots + \beta_n\lambda_n$$ **149**

어듭니다.

일본은 약 30년 동안 인플레이션과 관련이 없는 시기를 보냈습니다. 그래서 은행에 돈을 맡겨도 크게 불리할 일이 없었습니다. 오히려 일본은 30년 동안 물건의 가격이 조금씩 내려가는 디플레이션(디플레)이 일어났습니다.

디플레이션 상황에서는 물건을 사지 않고 투자도 하지 않은 채 은행에 돈을 맡기기만 해도 경제학적으로는 합리적인 판단이라고 볼 수 있습니다. 1년 후에 물건의 가격이 현재보다 내려간다면 지금 사는 것보다 1년 후에 사는 편이 조금이라도 지출을 줄일 수 있기 때문입니다.

그러나 디플레이션은 영원히 지속되지 않는다는 것이 최근 상황을 통해 밝혀지고 있습니다. 은행 예금에만 돈을 맡기면 예금 금리로 얻는 아주 조금의 돈만 늘어날 뿐입니다.

인플레이션으로 물건의 가격이 상승하는 것보다 빠른 속도로 자산이 늘어나지 않으면 상대적으로 살 수 있는 것이 줄어들고 맙니다. 투자를 통해 돈을 불려야만 미래에도 안심하고 살 수 있는 시대가 되었습니다.

일반적인 선진국의 인플레이션율은 대략 1년에 2% 정도라고 알려져 있습니다. 연간 2%의 인플레이션이 지속되면 돈의 실질적 가치는 20년이 지나면 70%, 35년이 지나면 50%로 줄어듭니다.

인생 100세 시대에서 인플레이션만큼 무서운 것은 없습니다. 인플레이션에 대처하기 위해서는 인덱스 투자를 통하여 리스크 팩터에 자신의 자산을 노출시키는 것이 역설적이지만 유효한 방법입니다. 장기적으로 보았을 때 보상으로 리턴(예금 금리보다 큰 이익)을 얻을 수 있기 때문입니다.

멀티팩터 모델의 수식은 무뚝뚝하고 담담한 느낌을 주지만 우리 인생에 아주 중요한 암시를 줍니다.

끝으로 짚고 넘어가고 싶은 건, 그렇다고 은행에 맡긴 돈을 빼서 투자하지 않으면 미래가 위험하다는 뜻은 아닙니다. 어디까지나 투자는 개인의 판단으로 조심스럽게 해야 합니다.

Chapter 5

수식이 구축한 모바일 통신이
당연한 생활

삼각함수

$\sin\theta$

$cos\theta$

스마트폰도 이것이 없으면 사용할 수 없다

> **sinθ cosθ**

어떤 분야의 수식이야?

정보 기술에 없어서는 안 되는 수식이야.

어디에 사용하는 수식이야?

고등학교에서 배우는 삼각함수 기억나? 이걸 스마트폰 같은 기기의 통신과 데이터 처리에 활용하고 있어.

이 수식이 생겨난 계기는 뭐야? 그리고 세상의 어떤 문제를 해결한 거야?

삼각함수의 원형이 되는 사고방식은 기원전 1~2세기 고대 그리스에서 나왔고, 천문학에 이용되는 과정에서 점점 다듬 어졌어.

그리고 17세기까지 이어진 대항해시대에는 해상에서 나아가 야 할 각도를 정확히 계산할 때 반드시 사용해야 할 정도가 되 었어.

이 수식으로 세상은 어떻게 바뀌었을까?

18세기 수학자 푸리에^{Fourier}는 다양한 파동을 삼각함수로 나타내기 위해 '푸리에 변환'이라는 계산 방법을 발명했어.

현대는 온갖 정보를 전파 통신으로 주고받는데, 이 전파도 파동의 종류니까 삼각함수로 나타낼 수 있어.

스마트폰과 컴퓨터를 비롯한 정보 통신 단말기는 수신한 전파를 삼각함수로 나타내서 데이터 처리를 하고 있어. 스마트폰으로 들은 음악(=공기의 파동)도 컴퓨터 안에서는 삼각함수로 처리해.

삼각함수가 없다면 디지털 시대는 열리지 않았다고 해도 무방할 정도야.

디지털 시대의 주역

　몇십 년 전까지만 해도 전철에서 신문을 읽는 회사원을 흔하게 볼 수 있었는데, 지금은 뉴스도 스마트폰으로 보는 사람이 많아졌기 때문인지 종이 신문을 읽는 사람들을 좀처럼 찾아보기 힘들어졌습니다.

　요즘 시대는 스마트폰만 있으면 전철에서 이동하는 와중에도 최신 시사 뉴스를 보고, 음악을 듣고, SNS로 소통하며 세상과 이어질 수 있습니다.

　스마트폰의 편리함을 뒷받침하는 것은 방대한 정보를 전파로 주고받는 '모바일 통신'이라는 기술입니다. 보고 싶은 기사와 만화, 듣고 싶은 음악 등은 모바일 통신 기술을 통해 스마트폰으로 전송됩니다. '모바일mobile'은 영어로 '운송 가능한', '이동 가능한'을 뜻하며 이름 그대로 스마트폰을 비롯하여 이동 가능한 단말기의 통신을 지원하는 것이 모바일 통신 기술입니다.

　모바일 통신 기술은 1970년에 등장해 약 10년마다 큰 진화를 겪었으며, 동시에 통신 데이터의 양도 비약적으로 늘어났습니다. 현재는 5세대 '5G' 기술이 주역으로 자리 잡고 있습니다(5G의 G는 세대를 뜻하는 영어 단어 Generation의 이니셜).

모바일 통신이 일상생활에 모습을 드러낸 시기는 1980년대 후반부터입니다. 이 시대의 기술을 지금은 1세대(1G)라고 부르며 자동차 전화(자동차에 설치된 전화기)나 숄더폰(어깨에 걸어서 이동할 수 있는 전화기)의 음성 통화가 중심이었습니다.

2세대(2G)로 넘어오면서 휴대 전화로 메일과 인터넷을 사용할 수 있게 됩니다.

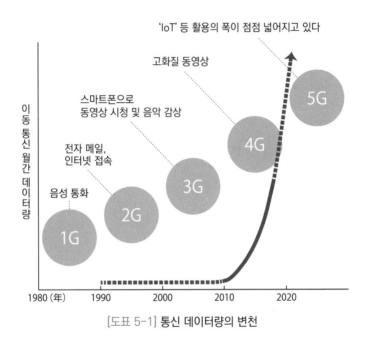

[도표 5-1] 통신 데이터량의 변천

3·4세대(3G·4G)는 스마트폰의 시대로, TV와 인터넷 영상을 시청하거나 음악을 다운로드하며 즐길 수 있게 되었습니다.

그리고 다가올 5세대(5G)는 스마트폰과 컴퓨터 등의 정보 단말기뿐 아니라 자동차, 가전, 공장, 의료 기기, 농업 기기, 게임기 등 각종 제품이 인터넷에 접속하여 최적의 서비스를 제공하는 'IoT(Internet of Things, 사물 인터넷)'가 실현될 것이라 보고 있습니다.

세상이 크게 변하고 있는 지금, 이 기술을 뒷받침하는 모바일 통신 기술의 핵심 부분에 삼각함수가 사용된다는 사실을 알고 계신가요? 삼각함수는 여러분이 분명 학교의 수학 수업에서 배웠을 바로 그 사인, 코사인, 탄젠트를 말합니다.

그렇다면 이번 장에서는 디지털 시대를 뒷받침하는 삼각함수 이야기를 해 보겠습니다.

스마트폰의 통신은 기지국(전파의 송수신을 실행하는 장치)을 거쳐서 이루어지므로 수많은 스마트폰이 동시에 통신할 수 있습니다. 또한 원거리로 전파를 보내는 '빔포밍' 기술 덕분에 멀리 떨어진 장소에서도 통신할 수 있습니다.

'기지국'이라는 이름 때문에 기지처럼 생긴 건물을 떠올릴 수 있는데, 실제로는 송수신 기능이 달린 안테나 같은 물체가 건물 옥상이나 전봇대 등 다양한 장소에 설치되어 있습니다. 건물 내부용 소형 기지국도 있습니다.

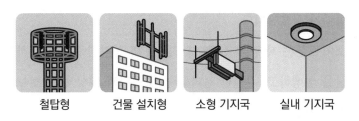

철탑형   건물 설치형   소형 기지국   실내 기지국

[도표 5-2] 기지국의 종류

그런데 스마트폰 통신에 사용되는 '전파'는 도대체 무엇일까요?

전파는 전기와 자기磁氣의 파동이며 모바일 통신을 비롯하여 케이블을 사용하지 않는 통신, 다시 말해 무선 통신은 기본적으로 전파를 통해 이루어집니다. 스마트폰뿐만 아니라 라디오, 트랜시버, 인공위성 등도 전파를 사용하여 통신합니다.

참고로 라디오 이야기를 하다 보면 종종 'AM', 'FM'이라는 단어를 듣게 되는데 이는 전파의 조정에서 유래하였습니다. 전파를 사용하여 떨어진 장소에 정보를 보내는 기술은 현대에 각종 분야에서 사용되고 있습니다.

수신한 전파는 스마트폰에 내장된 컴퓨터가 처리한 뒤에 우리가 즐기는 콘텐츠로 재생됩니다. 수신한 전파를 컴퓨터가 처리할 때 삼각함수가 사용됩니다.

전파電波는 '파동'이라는 뜻이 들어간 것을 통해 알 수 있듯이 일정 주기로 물결치듯 움직이는데, 이 파형을 파악하기 위해 삼각함수가 필요합니다.

스마트폰은 내부의 전자 회로를 통해 삼각함수를 사용하여 계산을 실행하고, 수신한 전파를 통해 음악과 영상 등의 정보를 추출합니다.

대부분 중학생이나 고등학생 시절에 삼각함수를 배운 기억이 있을 것입니다. 하지만 삼각함수가 무엇인지에 대한 내용은 기억이 나지 않을 수 있습니다. 그래서 일단 전파 이야기에서 살짝 벗어나 삼각함수를 복습하는 시간을 가져 보겠습니다.

삼각함수의 원형이 되는 사고방식은 기원전 1~2세기 그리스에서 나타났다고 알려져 있습니다. 당시에는 현대 고등학교처럼 다듬어진 형태가 아니었지만 천문학에 이용되기 시작하면서 점점 정리되었고 현대에 완성되었습니다. 이 시대에 삼각함수로 이어지는 수학적 성과가 쌓인 것은 그만큼 천문학이라는 학문이 중요했기 때문이었습니다.

시계가 없었던 시대에 별의 움직임은 자연계에서 가장 정확한 움직임이었습니다. 그래서 사람들은 별의 움직임을 바탕으로 달력을 만들었고, 이를 바탕으로 하여 농업을 하였습니다. 나침반이나 GPS도 없었기 때문에 항해할 때는 별의 위치를 통해 방위를 파악하였습니다.

생활에 필요하기도 했지만 진리 탐구를 위한 동기부여도 있었습니다. 천체의 운행은 신이 지배한다고 여겼으므로 별의 움직임에 관한 연구는 숨겨진 신의 섭리에 다가가는 신성한 행위였습니다.

이 시대에 가장 유명했던 천문학자는 2세기의 알렉산드리아에서 활약한 프톨레마이오스입니다. 그가 쓴 천문학 서적 『알마게스트』에는 삼각함수의 전신이 되는 '삼각법'에 관한 상세한 계산이 실려 있습니다.

삼각함수는 이러한 시대적 배경 속에서 태어났으며 이름 그대로 삼각형을 둘러싼 수의 관계성을 나타낸 것입니다. 삼각함수란 무엇인지 아래의 [도표 5-3]에 정리하였습니다. 간결하게 말하면 삼각함수란 직각 삼각형의 각도와 변이 어떤 관계인지를 나타낸 것입니다.

삼각함수 = 직각 삼각형의 '각도'와 '변의 길이의 비율'의 관계

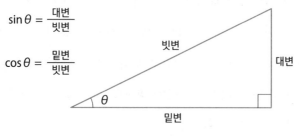

[도표 5-3] 삼각함수의 정의

기억이 났다면 머릿속에 앞서 말했던 '사인(sin)', '코사인(cos)' 등의 용어가 떠올랐을지도 모릅니다.

먼저 사인과 코사인의 정의를 알아보겠습니다. 정의는 다음과 같습니다.

〈삼각함수〉

sinθ＝대변/빗변＝대변÷빗변

cosθ＝밑변/빗변＝밑변÷빗변

이외에도 '대변÷밑변'을 탄젠트(tan)라고 부릅니다(이후 이야기에서는 사인과 코사인만 다룰 예정이므로 탄젠트는 기억하지 않아도 됩니다).

변의 비를 다르게 생각할 수도 있는데 왜 ①대변/빗변, ②밑변/빗변, ③대변/밑변의 3가지 경우만 각각 사인, 코사인, 탄젠트라고 이름을 붙이고 나머지 경우는 이름이 없는지 의문을 가질 수 있습니다.

사실 이 3가지만으로도 모든 경우가 포함된 것입니다. 변의 비를 계산할 때 나오는 모든 조합을 구체적으로 적어 보겠습니다.

①대변/빗변, ②밑변/빗변, ③대변/밑변, ④빗변/대변, ⑤빗변/밑변, ⑥밑변/대변까지 총 6가지가 있습니다.

자세히 살펴보면 ④~⑥은 각각 ①~③에서 분모와 분자가 반대로 되어 있을 뿐이며 조합은 동일합니다. 예를 들어 ④빗변/대변과 ①대변/빗변은 둘 다 빗변과 대변의 비율을 보는 것이므로 하나만 생각해도 충분합니다. 2개의 변을 비교하기만 하면 됩니다.

정리하고 나면 ①~③만 생각해도 충분하다는 것을 알 수 있습니다. ①~③은 이름이 있어야 편하므로 ①부터 순서대로 사인, 코사인, 탄젠트라는 이름을 붙였습니다.

이렇게 기묘한 이름이 붙게 된 것은 역사적인 경위가 있는데, 이야기로 다루면 길어지므로 관심이 있으신 분은 한번 찾아보면 좋을 것 같습니다.

자, 다시 전파 이야기로 돌아가 보겠습니다. 이러한 삼각함수를 사용하면 전파를 나타낼 수 있습니다. 정확하게 말하면 **전파를 비롯하여 소리(=공기의 진동)와 스프링의 진동 등 파동이면 무엇이든 삼각함수로 나타낼 수 있습니다.**

이 사실을 깨달은 사람은 18세기 프랑스의 수학자 푸리에였습니다. 푸리에의 깨달음 덕분에 삼각함수의 응용 범위가 엄청나게 넓어졌고, 돌고 돌아 디지털 시대의 도래로 이어졌습니다.

파동을 삼각함수로 나타낼 수 있게 된 것이 왜 좋은 일일까요? 바로 파동을 삼각함수라는 수식으로 나타내면 컴퓨터 계산이 아주 간편해지기 때문입니다.

우리가 스마트폰으로 음악을 들을 수 있는 것도 소리 데이터를 삼각함수로 나타낸 다음 데이터양을 줄였기 때문에 스마트폰 같은 작은 기기에 부하 없이 데이터를 처리할 수 있게 되었습니다.

지금부터 세상을 바꾼 푸리에의 깨달음을 다시 체험해 보겠습니다. 어떻게 하면 파동을 삼각함수로 나타낼 수 있는지 단계별로 살펴보겠습니다.

먼저, 파동은 왔다 갔다 하는 왕복 운동입니다. 전파 외에도 소리, 스프링의 진동, 지진의 진동, 수면의 파문 등 주변에는 여러 파동이 있습니다. 전파를 비롯한 파동들은 모두 삼각함수를 사용하여 나타낼 수 있습니다.

그렇다면 삼각함수로 파동을 어떻게 나타낼 수 있을까요? 답을 한 번에 알고 싶어도 초조함은 금물입니다. 첫 번째 단계로 삼각함수의 '회전' 표현법을 알아보겠습니다.

회전→파동이라고 생각하면 이해하기 쉽습니다. 회전과 파동은 다른 것이라고 생각할 수도 있지만, **회전은 한 바퀴 돌면 원래 장소로 돌아오므로 파동과 같은 '왕복 운동'입니다. 회전과 파동은 사실 형제와 같은 개념입니다.**

그리고 왕복 운동은 회전과 파동밖에 없습니다. 회전은 한 바퀴 돌면 원래 장소로 돌아오는 왕복 운동이며 파동도 왔다 갔다 하는 왕복 운동입니다.

일단 준비 운동으로 삼각함수를 사용하여 회전 운동을 나타내는 방법부터 이야기를 시작하겠습니다. 이 부분을 이해하면 삼각함수로 파동을 나타내는 방법도 쉽게 이해할 수 있습니다.

회전은 다른 이름으로 원운동이라고 합니다. 그 이름처럼 어느 점이 원의 궤적을 그리며 움직이는 것입니다. 지구는 태양의 주변을 돕니다. 이는 원운동입니다. 원운동의 반경은 상황에 따라 커지기도 하고 작아지기도 하는데, 원활한 이해를 위해서 반경을 1이라고 가정하겠습니다(반경이 1이 아닌 경우라도 설명의 흐름은 변하지 않습니다).

반경 1이 1cm인지 1m인지 길이의 단위가 적혀 있지 않아서 무엇인지 궁금할 수도 있습니다. 길이의 단위가 변하더라도 설명에 큰 영향을 주지 않기 때문에 단위는 배제하겠습니다. 만약에 '단위는 1cm로 한다'라고 정하고 나면 1m나 1in 등 단위가 달라지면 성립하지 않는 것인가 하는 불필요한 의문이 발생하여 본질을 흐릴 수 있기 때문입니다.

그래서 간결하게 이야기하기 위해서 단위는 '반경 1'로 정하겠습니다. 이를 수학 용어로 '단위원'이라고 부릅니다.

본격적인 설명으로 들어가겠습니다.

이 단위원을 분석하기 쉽게 [도표 5-4]처럼 x축과 y축 위에 두겠습니다.

도표 안의 점 B가 단위원의 위를 회전한다고 가정하겠습니다. 여기서 회전의 중심 A와 B를 연결하고 B의 바로 아래(또는 B의 위치에 따라서 바로 위)의 x축 위에 있는 점 C를 연결하면 직각 삼각형 ABC가 완성됩니다.

이때 A의 각도를 θ(세타)라는 그리스 문자로 나타냅니다. 수학에서는 각도를 문자로 나타낼 때 θ를 많이 사용하므로 여기에서도 동일하게 사용합니다. 고등학교 교과서에서도 각도는 대체로 θ라는 문자로 나타냅니다.

이때 삼각형 ABC는 직각 삼각형이므로 삼각함수를 사용할 수 있습니다. 앞선 사인, 코사인의 수식을 넣어서 구체적으로 살펴보겠습니다.

$$\sin\theta = 대변 \div 빗변 = 대변 \div 1 = 대변 = 변BC$$
$$\cos\theta = 밑변 \div 빗변 = 밑변 \div 1 = 밑변 = 변AC$$

이렇게 되어 삼각형 ABC의 밑변의 길이(변AC)는 $\cos\theta$, 대변(변BC)은 $\sin\theta$라는 것을 알 수 있습니다.

[도표 5-4]에는 앞서 알아낸 변AC와 변BC의 길이가 적혀 있습니다. 이 그림을 보면 점 B의 위치를 삼각함수로 나타낼 수 있다는 사실을 확인 가능합니다. 다시 말하면 점 B는 x축 위에서

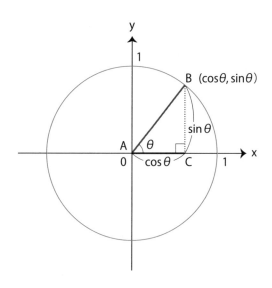

[도표 5-4] 원 안에서 직각 삼각형 만들기

보면 $x=\cos\theta$의 위치에 있으며 y축에서 보면 $y=\sin\theta$의 위치에 있습니다.

즉, 점 B의 위치를 $(\cos\theta, \sin\theta)$라고 나타낼 수 있습니다. 이렇게 원 위를 회전하는 점 B의 위치를 삼각함수로 나타냈습니다.

삼각함수로 회전을 나타내기 위해서는 하나의 과정만 더 거치면 됩니다.

[도표 5-4]에서 단위원 위의 점 B가 왼쪽으로(반시계 방향으로) 회전한다고 가정하면, 각도 θ는 시간과 함께 커집니다.

점 B가 60초 동안(1분) 1번 회전한다고 가정하겠습니다. 1회전은 360°이므로 1초에 6°(=360°÷60)만큼 회전합니다. 이때 θ 는 'θ=6°×경과시간(초)'로 나타낼 수 있습니다.

그리고 이 점 B가 (1, 0)에서 반시계 방향으로 움직인다고 하면, 각도 θ는 0°부터 시작하여 1초 후에는 θ=6°, 2초 후에는 θ=12°, 이런 식으로 각도가 커집니다.

60초 후에는 θ=360°이 되어 점 B는 원래 위치로 돌아옵니다. 61초 후에는 θ=366°가 되어 계산으로는 각도가 360°보다 커지지만, 1바퀴를 돌고 원래 위치로 돌아와서 다시 시작한다고 생각하면 점 B는 θ=6°일 때와 동일한 위치라는 것을 알 수 있습니다. 마찬가지로 121초 후에는 726°가 되지만 이는 2바퀴를 돈 후에 θ=6°의 위치에 왔다고 생각하면 됩니다(726°=360°×2+6).

지금까지 점 B의 위치를 (x, y)=(cosθ, sinθ), 이런 식으로 삼각함수를 사용하여 알아보았습니다. 단위원보다 큰 원이나 작은 원의 위에 있는 점이 움직이는 원운동은 단순히 배율을 곱하기만 하면 됩니다. 단위원은 반경이 1이므로 반경이 2.5인 원 위를 움직이는 점의 위치는 (x, y)=(2.5×cosθ, 2.5×sinθ)로 나타낼 수 있습니다.

이렇게 무사히 회전을 삼각함수로 나타내는 미션을 완료하였습니다.

이제는 '파동'을 알아볼 시간입니다.

앞선 설명을 통해 왕복 운동은 회전과 파동, 2종류밖에 없으며 회전은 삼각함수로 나타낼 수 있다는 사실을 알았습니다.

그러면 '파동도 삼각함수로 나타낼 수 있겠다!'라는 기대가 생길 법합니다. 지금까지 한 이야기 속에 90%는 이미 정답이 나와 있습니다.

[도표 5-4]에서 확인했듯이, 단위원의 각도 θ는 시간이 경과할 때마다 커지면서 회전을 나타냈습니다. 구체적으로는 단위원 위의 점 B가 회전합니다.

[도표 5-5]에 x축과 y축 위에서의 점 B의 움직임이 나타나 있습니다. 가로축이 경과 시간, 세로축이 위치입니다. θ는 앞선 설명과 동일하게 1초마다 6°의 속도로 커진다고 가정하겠습니다.

출발점인 θ=0°일 때 점 B는 θ가 커지면 반시계 방향으로 움직입니다. x축 위의 위치는 x=-1로 향하며 다시 반전하여 x=1로 향하는 왕복 운동이 됩니다.

반면에 y축 위의 위치는 y=0부터 시작하여 y=1로 향하고, 반전 후에 y=-1로 향하다가 다시 반전하여 y=1로 향하는 왕복 운동을 합니다.

이 점 B의 위치를 나타내는 x와 y값의 변화를 그래프로 나타내면 일정한 주기로 산과 골짜기 형태가 1과 -1 사이를 반복하는 파도 모양이 나옵니다.

구체적으로 어떤 수식이 되냐면, 먼저 θ가 1초마다 6°의 속도로 커지므로 'θ=6°×경과 시간'으로 나타낼 수 있습니다. 그리고 점 B의 위치는 앞서 설명한 대로 (x, y)=$(\cos\theta, \sin\theta)$라고 나타낼 수 있으므로 이를 조합하여 점 B의 위치는 (x, y)=$(\cos(6°×경과시간), \sin(\cos(6°×경과시간))$으로 나타낼 수 있습니다.

산과 골짜기가 반복되는 모습이 파동의 그래프 그 자체입니다. 회전하는 점의 x좌표와 y좌표의 변화는 파동 모양으로 나타납니다.

애초에 회전하는 점은 정해진 범위([도표 5-4]의 점 B의 경우는 -1과 1 사이)를 주기적으로 오가므로 이를 그래프로 나타내면 주기적으로 오가는 파동의 모양이 나타납니다.

회전과 파동은 다른 움직임처럼 보일 수 있지만 보이지 않는 끈으로 연결되어 있습니다. **회전과 파동은 같은 움직임을 다른 시점에서 보는 것일 뿐입니다.**

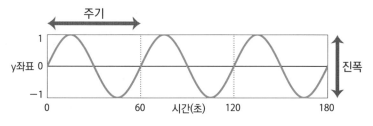

점 B의 y축 위의 움직임 : y=sinθ(6°×시간)

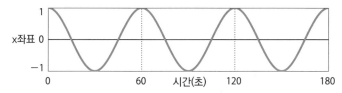

점 B의 x축 위의 움직임 : x=cosθ(6°×시간)

[도표 5-5] 점 B의 움직임

파동이 흔들리는 폭을 '진폭', 파동이 1 사이클(산에서 산까지)을 도는 데 걸리는 시간을 '주기'라고 부릅니다. [도표 5-5]는 점 B가 단위원 위를 1초마다 6°(60초에 1바퀴)라는 속도로 회전하는 경우이므로 진폭은 1, 주기는 60초입니다.

원의 크기와 회전의 빠르기를 조절하면 다양한 진폭과 주기의 파동을 나타낼 수 있습니다. 진폭이 2, 주기가 10초인 파동을 나타내고 싶다면 반경이 2인 원 위를 10초에 1바퀴 도는 점의 움직임을 나타내면 됩니다. 10초마다 1바퀴(360°)라는 뜻은 1초에는 360°÷10초=36°만큼 움직인다는 의미입니다. 따라서 반경 2의 원 위를 1초마다 36°의 속도로 회전하는 점을 나타내면 됩니다.

이 방법을 이용하면 다양한 패턴의 파동을 삼각함수로 나타낼 수 있습니다. [도표 5-6]에서 일부 사례를 소개하겠습니다. 그리고 여기서 만든 파형을 모두 더하면 더 복잡한 파형도 삼각함수를 사용하여 나타낼 수 있습니다[도표 5-7].

사람의 목소리와 악기의 소리처럼 파형이 상당히 복잡하여도 동일한 방법을 사용하여 삼각함수로 나타낼 수 있습니다.

파동을 삼각함수로 바꾸어 표현하는 것을 발견자인 푸리에의 이름을 따서 '푸리에 변환'이라고 부릅니다. 푸리에는 아무리 복잡한 파형의 파동이라도 삼각함수를 사용하여 나타낼 수 있다는 것을 수학적으로 증명하였습니다.

지금까지 설명한 방법은 그 어느 시대에서도 사용할 수 있는 만능에 가까운 방법입니다.

① sin (6°×시간)

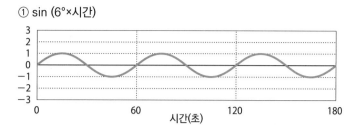

② 2sin (36°×시간)

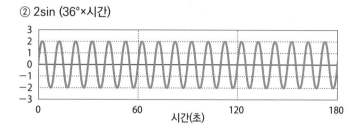

③ 2.8cos (3°×시간)

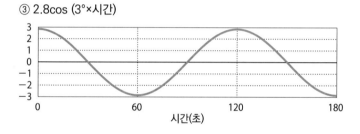

④ 0.7cos (17°×시간)

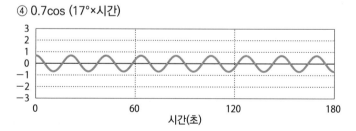

[도표 5-6] 다양한 진폭과 주기의 파동을 삼각함수로 나타낸 것

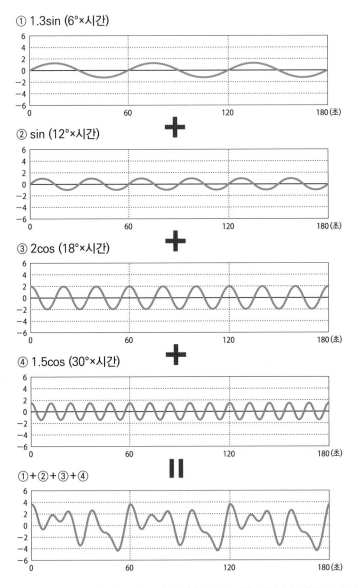

① 1.3sin (6°×시간)

② sin (12°×시간)

③ 2cos (18°×시간)

④ 1.5cos (30°×시간)

①+②+③+④

[도표 5-7] 삼각함수의 파동을 더하면 음파처럼 복잡한 파형도 나타낼 수 있다

지금까지 파동을 삼각함수로 나타내는 이야기를 하였습니다. 드디어 본 주제로 들어갈 시간입니다.

다시 말하지만 전파는 파동의 한 종류입니다. 그렇다면 삼각함수로 나타낼 수 있습니다. 이 부분이 중요한 이유는 공간을 날아다니는 수많은 전파 속에서 원하는 전파를 구별하는 데 사용되기 때문입니다.

디지털 시대에 돌입한 현대에는 통신을 위한 전파가 수없이 날아다니고 있습니다. 거리에는 무수한 스마트폰이 계속 전파를 날리고 있으며 Wi-Fi, 무선LAN도 전파를 사용합니다.

무수히 날아다니는 전파의 대부분은 사용자와 관계가 없는 통신입니다. 따라서 방대한 전파 안에서 수신해야 하는 통신을 구별하고 필요한 것만 수신할 필요가 있습니다.

그래서 'MIMO-OFDM'이라고 불리는 기술이 사용됩니다. 이 기술 자체를 설명하기에는 너무 전문적인 이야기가 많으므로 자세한 설명은 생략하겠지만, 한 마디로 정리하면 **방대한 전파를 푸리에 변환을 통해 삼각함수로 나타내어 분석하고 사용자와 관계가 있는 통신만 선별하는 기술**입니다.

전파를 삼각함수라는 수식으로 바꾸면 아주 정교하게 선별할 수 있게 됩니다. 이 기술이 있기 때문에 수많은 단말기가 혼란 없이 서로 통신을 주고받습니다. 여러분이 문제없이 스마트폰을 사용하는 것은 삼각함수 덕분입니다.

모바일 통신의 근간이 되는 기술에 삼각함수가 사용된다는 이야기를 해 보았습니다. 추상적인 이야기가 이어졌는데, 지금부터는 구체적인 예시와 함께 전해야 하는 정보를 어떻게 전파로 변환하는지 알아보겠습니다.

내용이 복잡하기 때문에 흥미를 잃지 않도록 청춘물 느낌으로 구성하였습니다. 함께 빠져들어 봅시다!

모바일 통신을 잘 아는 일본의 한 여고생이 마음에 드는 같은 반 남자아이에게 '쟈(좋아해)'라는 단어를 전하고 싶어 합니다. 하지만 그대로 전달하기에는 부끄러워서 전파로 변환한 '전파 러브레터'를 사용하기로 했습니다.

어떻게 변환하였는지 순서대로 살펴보겠습니다. 순서의 개요는 [도표 5-8]에 정리되어 있습니다. 각 단계별로 자세히 알아봅시다.

전파 러브레터 쓰는 법

▶ Step1

먼저 '좋아해'라는 단어를 디지털 데이터(=0과 1의 조합)로 바꿀 필요가 있습니다.

'ズ'라는 단어는 'ズ'와 'ヤ'로 분해할 수 있습니다. 가타카나 'ズ'는 일본어 코딩(컴퓨터 안에서 문자를 코드로 관리하기 위한 규약)에서 일반적으로 사용하는 'Shift-JIS'에 189번째 문자로 등록되어 있으며, 189는 0과 1의 조합(2진수)으로 '10111101'이라고 나타낼 수 있습니다. 마찬가지로 'ヤ'라는 가타카나는 Shift-JIS에 183번째로 등록되어 있으며 2진수로 나타내면 '10110111'입니다.

'ズ'와 'ヤ'를 0과 1의 조합으로 바꾸는 데 성공하였습니다.

▶ Step2

드디어 메시지를 전파의 파형으로 변환하는 단계입니다. 앞서 'ズ=10111101', 'ヤ=10110111'이라는 변환 작업을 거쳤습니다. 0과 1이 많아서 보기 헷갈리므로 정중앙을 기준으로 분리하여 생각하겠습니다.

ズ⇒10111101⇒1011과 1101의 형태로 4자리씩 나눕니다.

그러면 하나의 문자는 4자리인 2진수 2개가 조합된 형태로 나타납니다. 4자리씩 끊어서 나눈 이유는 삼각함수로 바꾸어 나타내기가 용이하기 때문입니다.

4자리의 2진수는 '0000', '0001', '0010', '0011', '0100', '0101', '0110', '0111', '1000', '1001', '1010', '1011', '1100', '1101', '1110', '1111'로 16가지 패턴밖에 없습니다.

따라서 앞에서 설명한 방법으로 삼각함수를 사용하여 진폭과 주기가 다른 16가지 파동을 만들고, 이를 16가지 패턴인 2진수와 대응시키면 됩니다.

그러면 문자⇒2진수⇒(전파의) 파형으로 기계적인 변환이 가능해집니다.

참고로 이러한 문자 데이터 등을 파형으로 변환하는 순서를 '16QAM'이라고 부릅니다.

▶ Step3

마지막으로 전자회로를 사용하여 Step2에서 만든 파형의 전파를 발생시키고 마음에 둔 상대에게 날리면 끝입니다!

여기까지 러브레터 전파의 작성 순서였습니다.

여러분도 마음에 드는 상대에게 말을 전할 때, 누군가에게 비밀스러운 메시지를 보내고 싶을 때 메시지를 무선 전파로 변환하여 그 파형을 상대에게 보내보는 건 어떨까요? 상대가 푸리에 변환을 알고 있다면 분명 메시지를 해석할 것입니다.

이야기가 상당히 길어졌는데, 별의 움직임을 연구하기 위하여 발전한 삼각함수가 21세기의 디지털 통신을 뒷받침한다는 이야기는 어떠셨나요?

삼각함수는 애초에 삼각형의 변의 길이를 계산하는 수단이었지만, [도표 5-4]처럼 원 안의 삼각형을 생각하다 보니 파동을 나타낼 때도 사용되면서 큰 전환점을 맞이했습니다. 삼각형과 파동은 전혀 다른 것처럼 보이지만 수식으로 나타내고 보니 본질이 이어져 있다는 사실이 밝혀졌습니다.

고등학교 시절에 삼각함수를 배운 사람은 '이게 무슨 도움이 된다는 거야?'라고 생각했을 수도 있습니다. 도움이 되는 수준을 뛰어넘어서 디지털 시대의 뿌리를 지탱하고 있습니다.

여러분이 인터넷을 사용할 때, 스마트폰으로 메시지와 메일을 보낼 때, 그 이면에는 삼각함수를 사용한 방대한 계산이 이루어지고 있습니다. 앞으로도 우리는 점점 삼각함수의 덕을 보게 될 것입니다.

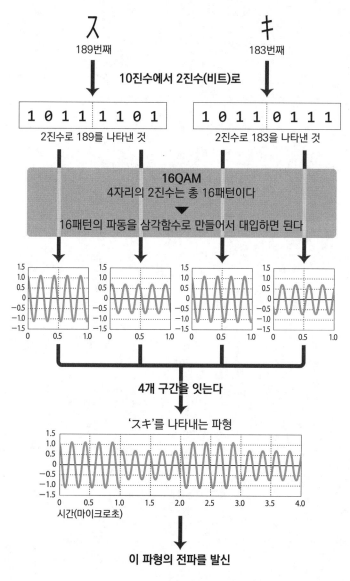

ス
189번째

キ
183번째

10진수에서 2진수(비트)로

| 1 | 0 | 1 | 1 | 1 | 1 | 0 | 1 |

2진수로 189를 나타낸 것

| 1 | 0 | 1 | 1 | 0 | 1 | 1 | 1 |

2진수로 183을 나타낸 것

16QAM
4자리의 2진수는 총 16패턴이다
▼
16패턴의 파동을 삼각함수로 만들어서 대입하면 된다

4개 구간을 잇는다

'スキ'를 나타내는 파형

시간(마이크로초)

이 파형의 전파를 발신

[도표 5-8] 메시지를 전파로 변환하는 순서

Chapter 6

수식으로 인류는
우주를 향해 날아갔다

'질량 × 속도'의 총합 = 일정한 값

로켓을 발사하는 시스템

'질량 × 속도'의 총합 = 일정한 값

어떤 분야의 수식이야?

로켓 공학의 시초라고 할 수 있는 수식이야.

어디에 사용하는 수식이야?

서로 부딪히는 물체처럼 움직임이 복잡하더라도 그 운동(=질량×속도)의 총합은 늘어나지도 않고 줄지도 않는다는 법칙, 그러니까 '운동량 보존의 법칙'을 나타내는 수식이야.

이 수식이 생겨난 계기는 뭐야? 그리고 세상의 어떤 문제를 해결한 거야?

운동량 보존의 법칙은 17세기 철학자 데카르트가 신을 고찰하는 과정에서 도달한 생각이었어.

데카르트는 '신이 우주를 창조할 때 물질에 운동을 부여하였다. 전능한 신이 부여하였으므로 운동의 총량은 늘지도 않고 줄지도 않는다.'라고 생각해서 운동량 보존의 법칙의 원형이 되는 생각을 주장했어.

데카르트의 주장에는 정확하지 않은 부분이 있었지만 이후에 네덜란드의 물리학자 하위헌스가 정확한 수식을 완성시켰어.

이 수식으로 세상은 어떻게 바뀌었을까?

데카르트는 신을 고찰하는 과정에서 운동량 보존의 법칙(의 원형)을 만들었지만, 현재 이 법칙은 로켓의 원리가 되어 우주 시대를 뒷받침하고 있어.

신학으로부터 시작된 생각이 최첨단 과학에 이용된다니 놀라운 일이야.

19세기 말, 러시아 물리학자 치올콥스키는 운동량 보존의 법칙을 이용하여 우주를 이동할 수 있는 탈것, 로켓을 고안했어.

로켓 기술은 제2차 세계 대전의 V2 로켓을 통해 처음 실용화되었는데, 이후에는 냉전 속에서 우주 개발 경쟁으로 인해 비약적인 발전을 이루었어.

인류는 우주 시대를 향해 발을 내딛었고, 현재는 새로운 우주 비즈니스가 계속해서 탄생하고 있어. 이미 잘 알고 있겠지?

로켓은 전쟁으로부터 탄생하였다

최근에 우주 개발 분야에서 큰 변화가 일어나고 있습니다. 우주 개발은 지금까지 계속 국가가 주도하였으나 최근에는 민간 기업의 로켓 개발이 활발히 이루어지고 있습니다. 현재 우리는 민간 기업이 주도하는 새로운 우주 시대의 입구에 서 있습니다.

우주라는 말이 가슴을 두근두근 떨리게 하기도 하는데, 우주 개발의 역사는 결코 희망으로 가득 찬 스토리가 아니었습니다. 애초에 우주를 향하는 탈것인 '로켓'은 전쟁으로부터 탄생했습니다.

세계에서 처음으로 로켓 기술이 본격적으로 실용화된 것은 제2차 세계 대전에 나치 독일이 사용한 V2 로켓이 시작이었습니다. V2 로켓은 화약을 채운 로켓이며 현재 미사일의 시초였습니다. 주로 영국과 벨기에를 공격하기 위하여 사용되었으며 두 국가를 합쳐 3000발 이상이 발사되어 큰 피해를 줬습니다.

독일의 패전 후, 승전국인 미국과 소비에트 연방(현재 러시아)은 독일의 로켓 기술에 주목하였습니다. 로켓 기술자, 로켓의 실물, 로켓에 관한 자료를 앞다투어 확보하였습니다. 그 결과로 독일의 로켓 기술은 두 나라가 이어받게 되었습니다.

제2차 세계 대전이 종결되고 나서 미국과 소비에트 연방은 세계의 패권을 다투며 냉전(핵전쟁이 언제 일어나도 이상하지 않은 긴장 상태)에 돌입하였습니다. 그 와중에 두 나라는 국가의 위신을 걸고 우주 개발 경쟁에 힘을 쏟았습니다.

냉전기의 우주 개발 실적은 엄청났습니다. 세계 첫 인공위성 스푸트니크 1호를 쏘아 올렸고(소비에트 연방), 세계 첫 유인 우주비행(소비에트 연방), 인류를 달에 보낸 아폴로 계획(미국) 등 위대한 업적이 이어졌습니다.

냉전이 종결된 후에는 우주 개발이 주로 군사적 목적과 국민의 이익을 위해 진행되었습니다. 일기예보를 쏘아 올린 기상 위성, 미국의 GPS 위성(스마트폰 및 차량 내비게이션의 GPS는 이 위성의 데이터를 사용합니다), 각 나라의 군사 위성 등이 있습니다. 국민에게 유익한 서비스(일기예보, GPS, 방위 등)를 제공하기 위해 국가가 주도하여 개발한 것들입니다.

그러나 요즘에는 민간 기업이 주도하는 우주 비즈니스가 성행하기 시작했습니다. 인공지능과 연계하는 우주 관련 데이터의 활용이 늘어나면서 누구나 이용하기 쉬워졌기 때문입니다. 그 대표적인 것 중 하나가 위성 사진 데이터입니다.

위성 데이터는 다양한 분야에서 활용되고 있습니다. 재해가 발생하였을 때 피해를 받은 지역의 위성 사진을 촬영하여 해저

드 맵(어디서 어떤 재해가 발생하기 쉬운지 지도 위에 나타낸 것)을 만들고, 재해 방지에 도움을 줄 수 있습니다.

그 밖에도 삼림의 위성 사진을 통해 나무의 불법 벌목을 감시하고, 건설 현장의 위성 사진으로 공사의 진행 상황을 실시간으로 파악하며, 쇼핑몰 주차장의 위성 사진을 이용해 차량의 수를 집계하고 어느 시간대에 방문객이 많고 적은지를 분석하는 등 아주 다양한 목적으로 위성 데이터가 사용되고 있습니다.

헤지펀드가 위성사진을 사용하는 이유

어떤 곳에서는 흥미롭게도 헤지펀드(부유층 등의 돈을 모아서 운용하는 펀드)가 단순히 돈을 벌기 위해서 위성 사진을 이용하는 사례도 있습니다.

이들은 원유 판매로 이익을 얻는 펀드이며 위성 사진을 사용하여 전 세계의 원유 탱크를 상공에서 감시합니다.

원유 탱크에는 위에 '부유식 지붕'이라고 부르는 뚜껑이 있습니다. 이 뚜껑은 고정되어 있지 않고 원유 위에 떠 있는 상태로 존재합니다.

만약에 지붕이 고정되어 있다면 원유가 줄어들었을 때 지붕과 원유 사이에 공간이 생겨서 원유가 쉽게 증발합니다. 부유식 지붕은 원유 위에 떠 있으므로(지붕과 원유 사이에 틈이 생기지 않는) 원유가 쉽게 증발하지 않는 장점이 있습니다. 탱크 안의 원유량이 줄어들면 부유식 지붕이 아래로 내려갑니다. 그러면 내려간 만큼 부유식 지붕에 햇빛이 닿기 어려워지고 그림자가 발생합니다[도표 6-1]. 이 그림자는 부유식 지붕이 아래로 내려갈수록 커집니다.

그래서 위성을 사용하여 상공에서 탱크 사진을 찍었을 때, 탱크 안의 원유가 적을수록 그림자가 크게 나타납니다.

위성 사진에 찍힌 그림자를 AI로 분석하여 내부의 원유량이 적은지(부유식 지붕이 내려갔다) 많은지(부유식 지붕이 올라갔다)를 추정합니다.

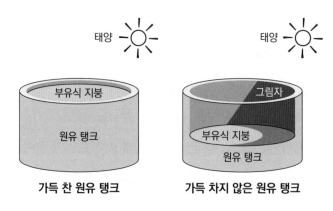

[도표 6-1] 원유량과 그림자 크기 사이의 관계

탱크 안의 원유량을 이 방법으로 추정하면 전 세계에 원유가 넉넉한지 부족한지 알 수 있습니다.

원유가 부족하다면 가격이 상승할 가능성이 높으므로 이 헤지펀드는 가격이 상승하기 전에 원유를 미리 구입합니다. 그리고 실제로 가격이 상승하면 팔아서 이익을 얻습니다.

이런 식으로 위성 데이터와 AI를 연계한 비즈니스가 세계적으로 퍼지면서 이러한 서비스를 제공하는 우주 기업이 계속 탄생하였습니다. 세계 처음으로 민간인의 유인 우주 비행을 실현시킨 SpaceX사(유명한 기업가 일론 머스크가 세운 우주 기업) 등이 대표적인 사례입니다.

이 우주 시대의 시작을 알렸다고 할 수 있는 사람은 소비에트 연방의 과학자 콘스탄틴 치올콥스키Konstantin Tsiolkovsky입니다. 그는 1897년에 운동량 보존의 법칙에서 로켓의 원리를 떠올린 최초의 과학자이며 그 업적 때문에 '우주 비행의 아버지'라고 불립니다.

인류 첫 유인 우주 비행은 소련이 쏘아 올렸으며 소련의 우주 비행사 가가린(지구로 귀환할 때 '지구는 푸르다'라고 말한 것으로 유명합니다)이 탑승한 보스토크 1호, 인류를 달로 보낸 미국의 아폴로 11호, 세계 최초로 소행성 샘플 채취에 성공한 일본의 하야부사, 첫 민간 유인 우주 비행을 성공시킨 SpaceX사의 크루 드래곤도 모두 치올콥스키가 고안한 로켓의 원리를 바탕으로 설계되었습니다.

전지전능한 신이 주신 '운동'

로켓을 제조하려면 고도의 기술이 필요하므로 국산 로켓으로 인공위성을 쏘아 올릴 수 있는 능력을 지닌 나라는 한정되어 있습니다(러시아, 미국, 프랑스, 일본, 중국, 영국, 인도, 한국 등).

기술적으로는 상당히 어렵지만 로켓이 나는 원리 자체는 아주 간단합니다. 로켓은 '운동량 보존의 법칙'을 이용해 날 수 있습니다.

'운동량 보존의 법칙'은 움직이는 물체에 관한 물리 법칙 중 하나입니다. **물체를 움직일 때 가벼운 것은 간단히 움직일 수 있지만 무거운 것을 움직이기는 어렵습니다. 이를 수학적으로 세밀하게 나타낸 것이 '운동량 보존의 법칙'입니다.**

물체를 움직이기 어렵게 만드는 정도는 무게(질량)와 빠르기(속도)로 결정됩니다. 200g 사과는 밀면 간단히 밀리지만 100kg 금고는 밀어도 간단히 밀리지 않습니다.

또한 야구공을 시속 30km로 던지는 것보다 시속 100km로 던지는 것이 어렵습니다. 참고로 야구 선수의 구속의 경우, 중학생 에이스가 시속 100km 정도인 것에 비해 프로 야구 선수는 최고 속도로 던지면 시속 160km를 넘는다고 합니다. 빠르게 던지는 것이 어렵기 때문에 프로 야구라는 비즈니스가 성립합니다.

'물체를 움직일 때 질량이 클수록, 그리고 속도가 높을수록 어려워진다면 차라리 이 2가지를 곱하여 어려움의 기준을 하나로 나타내는 것이 어떨까?'

물리학의 세계에서는 이러한 생각을 바탕으로 하여 운동을 논의하는 것이 일반적이며 질량과 속도를 곱한 값에 '운동량'이라는 명칭을 붙입니다.

〈운동량 보존의 법칙〉

외부에서 힘이 가해지지 않는다면,

'질량×속도(=운동량)'의 총합은 변화하지 않는다.

이것이 로켓이 나는 원리인 '운동량 보존의 법칙'입니다.

이 법칙은 원래 17세기 프랑스 철학자 데카르트가 주장한 것입니다. 기독교가 절대적인 힘을 지니던 이 시대에 데카르트는 '전지전능한 신'을 고찰하다 이 법칙에 도달하였습니다.

데카르트는 먼저 '신이 이 우주를 창조하였고, 물체에 운동을 부여했다'고 생각했습니다. 이 생각은 운동이 '세계의 시초'에 전능한 신이 부여한 것임을 뜻하였습니다. '운동'은 전능한 신이 부여한 것이므로 소멸되지 않으며 신이 아닌 자가 새롭게 만들 수 있는 것도 아닙니다. 따라서 운동의 총합은 변하지 않는다고 데카르트는 생각했습니다.

이때 '운동'이란 구체적으로 무엇을 가리키는지 의문이 발생합니다. 이를 정의하려다 보니 '무거운 물체일수록 움직이기 어렵고, 가벼운 물체일수록 움직이기 쉽다'라는 당연한 사실도 이론적으로 설명할 필요가 있었습니다.

그래서 그는 다양한 연구를 진행하였고, '질량×속도'의 총합, 다시 말하면 운동량이 변하지 않는다는 생각에 도달하였습니다. '질량×속도'의 총합이 변하지 않으므로 무거운(=질량이 큰) 물체일수록 속도는 낮아진다는 뜻입니다.

데카르트의 생각은 이후에 물리학자 하위헌스가 정확한 형태로 나타내었고, 실험에서도 올바르게 증명할 수 있게 되면서 운동량 보존의 법칙이 완성되었습니다.

신을 고찰하는 과정에서 탄생한 법칙이라는 점은 아주 독특하지만 현대 물리학자는 운동량 보존의 법칙과 신을 연관 지어서 생각하지 않습니다. 운동량 보존의 법칙은 현대에서는 굉장히 논리적이며 실험 데이터로도 올바르다는 증거가 뚜렷한 물리 법칙입니다.

그러나 앞선 설명만으로는 이 법칙이 로켓과 무슨 관계가 있는지 알기 어려우므로 조금 더 설명을 이어가겠습니다. 운동량 보존의 법칙을 더 깊이 이해하기 위해 구체적인 예시를 들어 보겠습니다.

왼쪽에서 시속 10km로 날아오는 질량 10kg의 쇠공 A가 정지한 다른 쇠공 B에 부딪힌다고 가정해 보겠습니다[도표 6-2]. 정지한 쇠공 B는 강력한 접착제로 고정되어 있어서 날아오는 쇠공 A와 충돌한 순간 2개의 쇠공이 붙고 말았습니다.

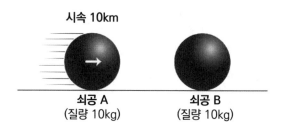

[도표 6-2] 정지한 쇠공 B에 쇠공 A가 날아와 부딪힌다

이때 쇠공 B의 무게도 10kg이라고 한다면 부딪힌 후에 쇠공 A의 속도는 어떻게 될까요?

10kg 쇠공끼리 붙게 되므로 붙은 뒤의 질량은 20kg이 됩니다. 여기서 운동량 보존의 법칙의 '외부에서 힘이 가해지지 않으면'이라는 조건을 주의해야 합니다. 더 정확히 표현하면 'A와 B를 제외한 외부에서 힘이 가해지지 않으면'이라는 뜻입니다. 따라서 A와 B가 부딪혀서 서로 힘을 주고받는 것은 '외부에서 힘이 가해졌다'라고 보지 않습니다. 그래서 이 경우는 운동량 보존의 법칙이 성립합니다.

운동량 보존의 법칙에 따르면 충돌 전후로 '질량×속도'의 값은 변하지 않아야 합니다.

$$10kg \times 10km/h = 20kg \times \square km/h$$

따라서 위의 식이 성립되어야 합니다(중력과 공기 저항 등은 무시합니다). 이 식을 풀면 □에 들어갈 숫자는 5가 됩니다. 이렇게 운동량 보존의 법칙을 사용하면 운동하는 물체의 상태를 알 수 있습니다.

이번에는 반대 상황을 생각해 보겠습니다. 물체가 붙는 것이 아니라 물체가 분열하는 상황입니다.

예를 들면 우주 공간에서 우주 비행사가 공을 던지는 상황입니다. 우주 비행사와 공이 함께 있던 상황에서 공만 떨어져 나가게 되므로 이는 물체가 분열하는 상황과 동일합니다. 다시 말하면 '우주 비행사 with 공'이었던 것이 '우주 비행사'와 '공'으로 분열되었다는 뜻입니다.

[문제]

어느 우주 비행사는 우주에서 공을 던지면 어떻게 될지 궁금해서 우주복 주머니에 몰래 야구공을 숨겼습니다. 그리고 우주선 구석에서 외부 활동을 할 때 주머니에서 야구공을 꺼내어 우주 공간을 향해 던졌습니다. 그러자 공은 시속 100km로 날아갔습니다.

한편, 우주 비행사는 공을 던진 반동으로 반대 방향으로 날아갔습니다(지상에서는 지면에 발이 닿아 있으므로 공을 던진 반동으로는 사람의 몸이 날아가지 않지만, 우주 공간에서는 지탱할 것이 아무것도 없으므로 인간도 반동을 받아 움직입니다).

그렇다면 우주 비행사는 시속 몇 km로 날아가고 있을까요?

우주 비행사는 공을 던지는 시점에서는 정지한 상태라고 가정합니다.[3] 또한 우주 비행사의 체중은 100kg, 야구공의 무게는 1kg이라고 가정합니다.

---

3 '지상과 달리 지면을 비롯하여 아무것도 없는 우주 공간에서 무엇을 기준으로 정지한 상태라고 말할 수 있는가'라는 의문을 가질 수도 있다. 여기서는 상황 설정이 지나치게 복잡해지지 않도록 하기 위해 일부러 서술하지 않았다. 우주선에 대해 정지한 상태라고만 생각하자.

시속 100km로 공을 던질 수 있다고 하니 상당히 어깨가 좋은 우주 비행사처럼 보이는데, 계산을 간단히 하기 위해서 깔끔하게 떨어지는 수치로 설정해 보았습니다.

우주 비행사의 체중을 100kg이라고 하겠습니다(우주복이 포함된 무게입니다). 그리고 야구공의 무게를 1kg이라고 하겠습니다. 실제로는 훨씬 더 가볍지만 계산을 간단하게 나타내기 위해 수치를 조정했습니다.

맨 처음에는 공과 우주 비행사 모두 정지한 상태입니다. 정지한 상태라는 것은 속도가 0이라는 뜻입니다. 속도가 0이라는 것은 운동량(=질량×속도)도 0이라는 뜻입니다. 이 경우에 운동량 보존의 법칙은 다음과 같이 나타낼 수 있습니다.

$$0 = 100\text{kg} \times \square\text{km/h} + 1\text{kg} \times 100\text{km/h}$$

우주 비행사   야구공

이를 계산하면 □의 안에 들어갈 숫자는 '-1'이 되며 마이너스 값이 나옵니다. 마이너스 값은 우주 비행사가 야구공과 반대 방향으로 운동하는 것을 의미합니다.

다시 말해서 우주 비행사는 야구공을 던진 반동 때문에 뒤를 향해 시속 1km로 날아가고 있다는 뜻입니다.

여기서 포인트는 공을 던지기만 해도 우주 비행사는 본인을 직접 움직일 수 있다는 부분입니다. 이 상황은 우주 공간에서는 무언가를 발사하면(앞선 예시에서는 공), 그 반동으로 반대 방향을 향하여 움직일 수 있다는 것으로 일반화가 가능합니다.

로켓은 어떻게 나는 것일까?

로켓도 이 '무언가를 발사한 반동으로 움직인다'라는 시스템을 사용합니다. 로켓의 경우에는 발사하는 대상이 '배기가스'입니다(배기가스이므로 분사라고 하는 편이 더 이해하기 쉬워 보입니다).

다시 말하면 [도표 6-3]처럼 연료를 엄청 태워서 발생한 배기가스를 힘차게 분사하고, 그 반동으로 움직이는 것입니다.

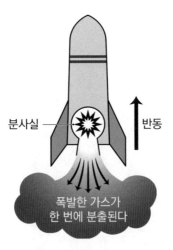

[도표 6-3] 로켓이 나는 시스템

로켓은 우주를 향해 날아가야 하므로 대량의 배기가스를 지속적으로 분사해야 합니다. 따라서 로켓 질량의 약 90%는 연료입니다. 이 연료를 태우고 배기가스를 분사하며 날아가기 때문에 연료가 텅 빈 상태가 되면 로켓은 원래 무게의 10분의 1로 줄어듭니다.

치올콥스키는 19세기 말에 운동량 보존의 법칙을 활용하면 우주까지도 날아갈 수 있다는 사실을 세계에서 처음으로 깨닫고 로켓의 추진 원리를 고안했습니다.

그는 운동량 보존의 법칙을 바탕으로 하여 로켓을 날리기 위해서 배기가스가 어느 정도의 힘으로 분사되어야 하는지 계산하는 '치올콥스키의 공식'을 도출하였습니다. 치올콥스키의 공식은 내용이 다소 복잡하므로 다루지는 않겠지만 이 공식은 로켓 공학의 기초라고 할 수 있습니다.

게다가 그는 우주 정거장(우주에 있는 유인 실험 시설)과 우주 거주구(우주에 떠 있는 거대한 주거 시설) 등의 기술에 관해서도 기본적인 아이디어를 주장하며 '지구는 인류의 요람이지만, 평생 요람에서 살 수는 없을 것이다'라는 말을 남겼습니다.

우주로 가는 것은 특별한 체험이라 세계관이 바뀌는 일도 적지 않은 모양입니다. 아폴로 14호를 타고 달 표면에 내려선 에드거 미첼은 지구로 귀환한 다음에 '신의 존재를 느꼈다'라고 말하였고, 이후에는 사상가로 활동하며 지냈습니다.

신을 고찰하는 과정에서 탄생한 운동량 보존의 법칙이 로켓의 원리가 되고, 인류를 달로 보내어 신을 느끼게 하였습니다.

우주 기술은 눈부실 정도로 발전하고 있으므로 그리 머지않은 미래에는 우주 공간이 여행지의 후보로 들어설 시대가 올지도 모릅니다. 그때가 오면 우리는 우주에서 무언가를 느낄 수 있지 않을까요?

Chapter 7

이 수식 덕분에 자율주행 자동차는 안전하게 달린다

사후 확률 =
새로운 데이터의 영향 × 사전 확률

정보를 계속 업데이트하는 기술

> 사후 확률=새로운 데이터의 영향×사전 확률

어떤 분야의 수식이야?

인공지능과 관계가 있는 수식이야.

어디에 사용하는 수식이야?

자율주행 자동차의 AI가 정보를 재빠르게 계속 업데이트하는 시스템을 나타낸 수식이야.

이 수식이 생겨난 계기는 뭐야? 그리고 세상의 어떤 문제를 해결한 거야?

이 수식의 기원이 되는 사고방식은 '예수의 기적'을 증명하기 위해 탄생했어.

18세기 영국의 목사 토머스 베이즈는 철학자 데이비드 흄이 저서에서 '예수의 기적이 실제로 일어났을 확률은 아주 낮다' 라고 주장한 것을 보고 화가 났어.

그래서 예수의 기적이 실제로 일어났다는 것을 증명하기 위한 수학 이론을 주장했지.

이 이론을 나중에 수학자인 라플라스가 수식으로 나타낸 것이 베이즈 정리야.

이 수식으로 세상은 어떻게 바뀌었을까?

18세기에 탄생한 이 수식은 의외로 사용할 곳을 찾지 못해서 오랜 시간 잠들어 있었어.

그 이유는 베이즈 정리를 실제로 활용하려면 방대한 계산이 필요했기 때문이야. 그래서 컴퓨터가 없는 시대에는 현실적으로 이 계산을 할 방법이 없어서 활용하기 어려웠어.

컴퓨터가 진화하고 보급되기 시작하면서 비로소 세계를 움직이는 수식으로 변하게 된 거야.

베이즈 추론을 사용한 AI에는 인간의 능력을 훨씬 초월하는 방대한 정보가 입력되어 있어서 엄청나게 빠른 속도로 판단을 할 수 있어.

사회가 특이점을 향해 가고 있다는 현대에서는 그 활용처가 점점 늘어나고 있지.

'예수의 기적'이 일어나는 확률

Chapter 1에서는 번역과 뉴스의 해독에 사용되는 AI 이야기를 해 보았습니다. 이번 Chapter 7에서는 자동차를 운전하는 AI가 등장합니다. 자동차를 운전하는 AI에 사용되는 수학 이론이 기독교의 논쟁에서 탄생했다고 하니 놀랍지 않나요?

요즘에는 통계학이 비즈니스의 다양한 분야에서 당연하게 사용되고 있습니다. 특히 인공지능 분야에서 주목을 받는 것이 '베이즈 통계학'이라고 불리는 통계학의 새 분야입니다.

새 분야이지만 베이즈 통계학 자체는 훨씬 예전부터 존재하였습니다. 이를 만든 사람은 18세기 영국의 목사 토머스 베이즈Thomas Bayes입니다. 탄생한 경위가 상당히 독특한데, 베이즈는 '예수의 기적을 입증하기 위해서' 이 정리를 떠올렸습니다.

1784년, 스코틀랜드의 철학자 데이비드 흄David Hume은 저서 『인간지성에 관한 탐구』에서 기존에 진리라고 생각하던 것에 의문을 던졌습니다. 그는 수많은 사람이 믿던 성서에 적힌 예수의 부활이 실제로 일어날 확률은 극히 낮으며, 오히려 예수의 부활을 보았다는 사람들의 증언이 부정확할 확률이 훨씬 높다고 말했습니다.

목사였던 베이즈는 이를 읽고 분노하였고, 의문을 품을 여지가 없을 정도로 부활의 기적을 입증하고자 수학을 사용한 고찰을 시작했습니다.

성서에는 예수의 부활을 목격한 사람들의 증언이 다수 남아 있습니다. 베이즈는 이 점을 주목하였습니다. 목격 증언 하나하나는 부정확할 수 있어도 수많은 독립된 증언이 있다는 것을 감안하면, 실제로 일어났을 확률이 높다는 결론을 내릴 수 있다고 생각했습니다.

죽은 자의 부활이 말이 되지 않는 이야기(=발생 확률이 낮다)라고 하더라도 수많은 사람이 이를 눈앞에서 경험하였다는 사실을 고려하면, 이는 실제로 일어났다고(=발생 확률이 높다고) 말할 수 있다는 것입니다.

베이즈는 이 생각을 수학 단어로 표현하였습니다. 이후에 베이즈의 시도를 지지한 프라이스 목사를 통하여 이 생각이 널리 퍼졌고, 수학자 피에르시몽 라플라스의 눈에 들면서 수식의 형태로 표현되었습니다.

베이즈 정리는 이렇게 탄생하였습니다.

18세기부터 계속 잠들어 있던 '베이즈 정리'

그러나 베이즈 정리는 오랫동안 빛을 보지 못하였습니다. **경험을 고려하기 전의 확률, '사전 확률(베이즈의 원래 생각으로는 죽은 자가 살아날 확률)'을 객관적으로 정할 방법을 몰랐기 때문입니다.**

베이즈는 죽은 자가 부활할 가능성을 '아주 낮지만 0은 아니다'라고 생각했지만, 이 생각을 이해할 수 없는 사람도 많을 것입니다. 또한 **베이즈 정리를 실제 사회에 응용하기 위해서는 방대한 계산이 필요하므로 응용한다는 의미에서도 현실적이지 못했습니다.**

그러나 요즘에는 컴퓨터가 발전하면서 방대한 계산을 간단히 할 수 있게 되었습니다. 21세기에 들어선 뒤로는 다양한 분야에서 베이즈 정리를 응용하는 곳이 폭발적으로 늘어났습니다.

수많은 데이터를 다루기 위한 수학을 '통계학'이라고 부릅니다. 베이즈 정리는 수학 분야로 따지면 통계학에 해당합니다. 다만 **통계학의 전문가 대다수는 베이즈 통계학은 기존에 '통계학'이라고 부르던 학문과 크게 다른 것**이라고 생각합니다. 따라서 베이즈 정리를 사용한 통계학은 특별히 **'베이즈 통계학'**이라고 부르는 경우가 많습니다.

기존의 통계학은 눈앞에 있는 데이터 분포의 평균치나 퍼진 정도를 분석하여 데이터의 특징을 파악하는 것이었습니다. 예전부터 실제 사회에 응용하고 있었습니다.

원래 쓰던 통계학이 있음에도 왜 최근에 베이즈 통계학이 주목을 받기 시작하는 것일까요? 바로 컴퓨터와 통신 기술의 발달로 인해 다룰 수 있는 데이터가 예전과 비교할 수 없을 만큼 늘어났기 때문입니다.

현대는 빅데이터 시대라고 부릅니다. 새로운 데이터가 계속 만들어지고 있습니다. 원래 데이터를 분석하여도 분석하는 도중에 무시할 수 없는 새로운 데이터가 계속 만들어지는 상황입니다.

원래 데이터를 사용하여 분석을 진행하였으나 새로운 데이터가 추가되었다고 가정해 보겠습니다. 기존의 통계학은 새로운 데이터를 기존의 데이터에 추가한 다음, 분석을 처음부터 다시 해야 했습니다. 기존 통계학의 분석은 모든 데이터가 이미 갖추어져 있다는 것을 전제로 하여 이루어지기 때문입니다(데이터가 추가되는 상황에 대응하지 못한다).

정리하면 현재 수중에 있는 데이터, 또는 모든 데이터가 갖추어지고 나서야 분석을 시작할 수 있다는 뜻입니다.

반면에 **베이즈 통계학은 기존 데이터의 분석 결과를 바탕으로 하여, 새롭게 얻은 데이터로 분석 결과를 업데이트하는 방식을 취합니다.** 다시 말하면 새로운 데이터가 발생하는 경우에도 잘 대응할 수 있다는 뜻입니다. 따라서 베이즈 통계학은 새로운 데이터가 계속 만들어지는 빅데이터 시대에 매우 적합합니다.

이론 자체는 이미 예전부터 완성되어 있었으며 응용 가능성도 전문가들 사이에서는 있다고 보았지만, 앞서 설명한 것처럼 계산하기가 어렵다는 점이 난제였습니다. 컴퓨터가 발전하면서 방대한 계산을 빠르게 처리할 수 있게 되었기 때문에 순식간에 실용화가 진행된 것입니다.

인터넷의 검색 엔진, 스팸 메일 필터, AI의 자율주행, 고객이 상품을 구매할 확률 예측, 암 검사 등 수많은 분야에서 베이즈 통계학이 응용되고 있습니다.

대략적인 설명이 끝났습니다. 이제 베이즈 통계학의 본격적인 내용에 대하여 자세히 알아보겠습니다.

앞선 설명처럼 스팸 메일 필터에는 베이즈 통계학이 응용됩니다. '이 메일이 스팸 메일일 확률은 ○○%입니다'라는 문구는 베이즈 통계학을 이용하여 분석한 결과를 확률로 출력한 것입니다.

반복해서 얘기하지만 베이즈 통계학은 새로운 데이터를 학습하여 기존의 분석 데이터를 업데이트하는 것이 특징입니다. 따라서 **새로운 데이터를 읽기 전의 분석 결과를 '사전 확률', 새로운 데이터를 학습한 뒤의 분석 결과를 '사후 확률'로 구별하여 부릅니다. 새로운 데이터를 읽기 전(사전)인지 후(사후)인지에 따라 분석 결과를 명확하게 구별**한다는 뜻입니다.

베이즈 통계학은 끊임없이 추가되는 방대한 데이터를 계속 처리하고 판단하는 AI를 뒷받침하는 중요한 기술입니다. 그만큼 중요한 기술이니까 복잡한 수식이 나올 것 같아서 경계될 수 있지만 그렇지 않습니다. 서두의 수식을 보면 단순한 곱셈으로 나타나 있습니다.

베이즈 정리를 다시 한번 확인해 보겠습니다.

사후 확률=새로운 데이터의 영향×사전 확률

이 식은 '베이즈 정리'라고 부르며 베이즈 통계학의 뿌리를 이루는 중요한 수식입니다. **새로운 데이터의 영향을 곱하기만 하면 확률을 업데이트할 수 있다**는 뜻입니다.

이 정리가 편리한 점은 사후 확률을 계산한 뒤에는 계산할 때 활용한 데이터가 더 이상 필요하지 않다는 부분입니다.

앞서 기존의 통계학은 새로운 데이터가 오면 이를 기존의 데이터에 추가하여 계산을 다시 해야 한다고 설명했습니다. 이 말은 기존의 데이터를 모두 보관해야 한다는 것을 뜻합니다. 기존의 데이터량이 적으면 문제가 없지만 현재는 빅데이터 시대이므로 방대한 데이터가 끊임없이 생산됩니다. 새로운 데이터가 들어올 때를 위하여 기존의 데이터를 전부 보관해야 한다면 컴퓨터의 기억 용량은 아무리 많아도 부족합니다.

그러나 **베이즈 정리는 새로운 데이터를 사용하여 사후 확률을 계산하고 나면, 그 데이터는 버려도 상관이 없습니다.** 따라서 컴퓨터의 기억 용량도 절약할 수 있습니다.

게다가 이 **베이즈 정리는 반복하여 사용할 수 있습니다.** 그 말

인즉슨, 새로운 데이터를 바탕으로 하여 사후 확률을 계산한 다음에 새로운 데이터가 들어온다면 사후 확률을 사전 확률로 간주하여 베이즈 정리를 다시 적용하기만 하면 됩니다.

이 방법으로 새로운 데이터가 들어올 때마다 예측을 업데이트하는 것이 가능합니다. 그리고 계산이 끝난 후에는 데이터를 계속 삭제하면 됩니다.

새로운 경험(=데이터)을 통해 배운다는 점은 인간의 학습과 비슷해 보입니다. 수험 공부는 교과서를 읽는 것만으로는 대비할 수 없고, 모의고사와 기출 문제를 계속 풀어 경험을 쌓아야 합니다. 스포츠도 룰을 배우는 것만으로는 잘할 수 없고, 시합 경험을 계속 쌓아야 실력이 올라갑니다.

베이즈 정리는 이러한 경험의 중요성을 알려줍니다. 베이즈 정리가 지닌 본질은 이렇습니다.

'경험을 통해 배우면 슬기로워진다.'

GPS를 조연으로 둔 베이즈 추론

응용 사례를 소개하겠습니다. 일상생활에서 재빠른 판단이 요구되는 상황이라고 한다면 자동차 운전을 대표적인 예로 들 수 있습니다. 시속 수십 킬로미터 속도로 이동하면서 주변 상황을 보고 적확한 판단을 하지 않으면 곧바로 사고로 어이지기 때문입니다.

이러한 '운전'의 태스크는 기존에 인간만이 할 수 있는 것이었지만 최근에는 AI가 대신하여 운전하는 자율주행 자동차의 연구 개발이 진행 중입니다. 자율주행 자동차에 탑재된 AI는 베이즈 통계학을 응용합니다.

자율주행은 차량 사이의 거리와 보행자의 움직임 등 계속 들어오는 새로운 데이터를 학습하며 적절하게 판단하고 주행까지 수행해야 하므로 베이즈 통계학과 상성이 좋습니다.

차량 사이의 거리를 유지하면서 대향 차선을 벗어나지 않도록 안전하게 주행하기 위해 필요한 것은 차체의 현재 위치를 정확하게 파악하는 능력입니다. 자율주행 자동차에는 비디오와 카메라, 레이저 레이더(레이저를 사용하여 장애물을 탐지하는 기능) 등 주변 상황을 감지하는 다양한 종류의 센서가 탑재되어 있고 차량 안에 내장된 AI가 이 센서에서 오는 정보를 바탕으로 하여 차체의 현재 위치를 파악합니다.

GPS(위성위치확인시스템)의 위치 정보도 이용하고 있지만 어디까지나 센서를 통해 얻는 정보가 주이며 GPS는 보조적 역할입니다. 높은 하늘 위에 있는 GPS 위성을 통해 얻는 위치 정보는 오차도 상당히 크고, 자동차 운전이라는 태스크에 활용하기에는 정밀도가 부족하기 때문입니다. 따라서 GPS로는 대략적인 위치를 파악하고 센서로 세밀한 위치를 파악합니다.

대신에 센서가 보내는 데이터는 노이즈(흔들림이나 끊김)가 포함되어 있으므로 센서의 정보만으로는 세밀한 위치를 충분히 파악하기가 어렵습니다. 그래서 자율주행 자동차의 AI는 자신이 내린 운전 명령을 바탕으로 하여 위치를 추론(앞서 오른쪽으로 30cm 이동 명령을 내렸으니 현재는 30cm 움직였을 것이다)하고 이를 센서의 데이터와 대조하여 정밀도를 올립니다.

차가 움직이면 모든 센서를 통하여 새로운 데이터가 밀려 들어옵니다. AI는 이를 사용하여 수시로 새로운 현재 위치를 추정하고, 이것이 '실제 현재 위치'와 일치할 확률을 산출합니다. 여기에 사용되는 것이 베이즈 통계학입니다.

자동차의 현재 위치는 어디일까?

이 AI의 추론을 그림으로 나타내면 [도표 7-1]과 같습니다. 앞서 말씀드린 것처럼 센서를 통해 도착하는 데이터에는 노이즈가 포함되어 있으므로 100% 확실하게 현재 위치를 특정할 수 없습니다. 이러한 모호함을 고려하여 AI가 '생각한' 추정 위치는 '이 위치에 있을 확률이 ○○%'처럼 확률로 표현됩니다.

그림의 가로축은 AI가 추정한 현재 위치를 나타낸 것입니다. 세로축은 차체가 실제로 그 위치에 있을 확률을 나타낸 것입니다.

확률의 산이 높을수록 차는 실제로 그 위치에 있을 가능성이 높다는 것(그렇다고 AI가 생각하는 것)을 뜻합니다.

이때 주행 중인 차량이 도로의 중앙선에 근접했기 때문에, 주행 방향을 오른쪽으로 30cm 이동하라는 지시를 AI가 내렸다고 가정해 보겠습니다([도표 7-1]의 하단 부분 참고).

AI는 자신이 내린 지시를 바탕으로 하여 이동 후의 차량이 현재 어디에 있는지 추론합니다. 다시 말하면 '자신(AI)이 내린 명령에 따라서 차가 움직였다면 그 시점에서 현재 위치는 이곳일 것이다'라고 AI가 자체적인 예측을 하는 것입니다.

다만 차량이 움직일 때는 오차가 동반하므로 정확히 30cm 이동했다고 볼 수는 없습니다. 실제로 이동한 거리는 29cm이거나 32cm일 가능성도 있습니다. 이러한 오차를 고려하여 AI는 확률의 산을 낮게 잡습니다.

자율주행을 담당하는 AI의 '머릿속'이 조금씩 보이기 시작하나요?

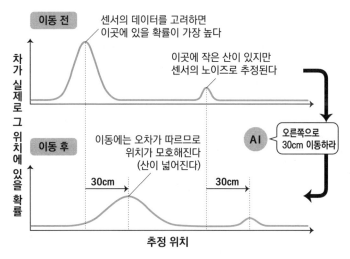

[도표 7-1] AI가 추론한 차량의 위치

그렇다면 다음 단계로 넘어가서 [도표 7-2]를 확인해 주세요. AI는 이번에 차가 30cm 이동한 뒤에 센서를 통해 새로 받은 데이터를 바탕으로 하여 이동 후의 현재 위치를 추정합니다([도표 7-2]의 상단 그래프 점선).

이때도 새로 도착한 데이터에 노이즈가 포함되어 있는 경우에는 그림처럼 산이 여러 개로 나타날 수 있습니다(오른쪽에 있는 작은 물결선의 산이 노이즈가 있는 부분입니다).

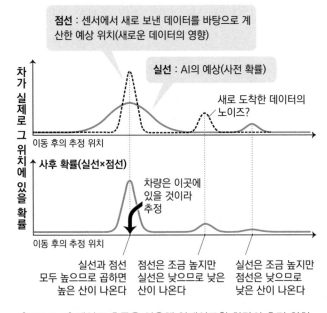

[도표 7-2] 베이즈 추론을 이용해 업데이트한 차량의 추정 위치

마지막으로 센서에서 온 정보를 바탕으로 하는 확률의 산(상단 그래프의 점선)의 값과 AI의 예상을 바탕으로 하는 확률의 산([도표 7-2] 상단 그래프의 실선=[도표 7-1]의 하단 그래프)의 값을 곱합니다. 그러면 산이 높았던 부분은 모두 높아지며 그렇지 않은 부분의 산은 낮아지므로 가능성이 높은 위치가 드러나기 시작

합니다([도표 7-2]의 하단 그래프). 그리고 AI는 확률의 산이 가장 높은 위치가 실제 현재 위치라고 판단합니다.

정리하면 AI의 추론과 센서의 데이터가 일치하는 장소를 차량의 현재 위치로 판단하는 것입니다.

센서의 새로운 데이터가 곱셈으로 반영되는 점에서 이는 베이즈 추론이라는 것을 알 수 있습니다. 여기서는 **AI의 예상이 '사전 확률', 센서에서 새로 도착한 데이터를 바탕으로 한 예상이 '새로운 데이터의 영향', 이를 곱한 결과가 '사후 확률'에 해당합니다.**

이렇게 자율주행 자동차가 주변 상황에 따라 임기응변으로 대응할 수 있는 것은 새로운 데이터를 학습하는 베이즈 추론이 기초를 담당하기 때문입니다.

베이즈 추론은 그 밖에도 셀 수 없을 만큼 많은 곳에서 사용됩니다.

저 또한 본업인 'AI를 사용한 자산 운용 전략'의 연구에 베이즈 추론을 이용한 적이 있습니다. 베이즈 추론을 사용하여 주가의 동향을 예측하며 투자를 진행하는 업무였습니다. 주가의 움직임을 확률미분방정식으로 나타낸 뒤, 주가의 일일별 실제 시세 변동을 베이즈 추론으로 학습시키면 수식의 정밀도를 올릴 수 있습니다.

이렇게 데이터를 학습시켜서 정밀도를 올리는 생각은 각종 분야에서 아주 크게 도움이 되고 있습니다.

베이즈는 예수의 기적을 증명하기 위하여 생각해 낸 수식이 미래 세계에서 '자동으로 목적지까지 달리는 탈것(=자율주행 자동차)'에 사용되리라고는 꿈에도 생각하지 못했을 것입니다.

운전은 사람도 할 수 있는 것 아니냐는 생각이 들 수 있지만 AI는 잠을 자지 않으며 휴식도 필요하지 않습니다. 인간은 휴식 없이 장시간 운전을 하면 피로와 졸음 때문에 사고의 위험이 증가합니다. 하지만 AI는 휴식 없이 계속 운전할 수 있습니다. 그리고 인간이 처리하지 못할 정도로 방대한 데이터를 365일 24시간, 1초도 쉬지 않고 계속 학습할 수 있습니다.

AI가 인간의 지능을 뛰어넘는 '특이점'이 찾아왔을 때 그 뿌리를 지탱하는 수식 중 하나가 여기에 나온 베이즈 추론이 될 것이라고 저는 기대하고 있습니다.

단순한 곱셈으로 구성된 아주 간단한 수식에 인간이 패배하는 날이 코앞까지 다가왔습니다.

Chapter 8

수식이 운반한 깨끗한 에너지

$$K =$$

전자의 에너지

전자가 튀어나올 때 소모하는 에너지

$$E - W$$

빛의 에너지

태양광 발전의 발명으로 이어졌다

$$K = E - W$$

어떤 분야의 수식이야?

청정에너지 분야의 수식이야.

어디에 사용하는 수식이야?

태양광 발전의 원리를 나타낸 수식이야.

이 수식이 생겨난 계기는 뭐야? 그리고 세상의 어떤 문제를 해결한 거야?

'빛이란 무엇인가'라는 심오한 질문에 답하기 위해서 상대성이론으로 유명한 이론물리학자 아인슈타인이 만든 수식이야.

당시에는 오랫동안 빛의 정체는 수수께끼에 싸여 있었고, 아리스토텔레스와 뉴턴을 비롯한 수많은 철학자와 과학자들을 고민하게 했어.

이후 1887년, 독일의 물리학자 하인리히 헤르츠가 금속에 빛을 비추면 전류가 흐르는 현상, '광전 효과'를 발견한 거야.

그리고 빛이 작은 무수한 입자로 구성되어 있다면 광전 효과를 설명할 수 있다는 것을 아인슈타인이 이 수식으로 나타냈어.

그렇게 빛의 정체가 '광자'라는 '입자'라는 것을 밝혀냈어.

이 수식으로 세상은 어떻게 바뀌었을까?

1954년에 미국 벨 연구소의 대릴 채핀, 캘빈 풀러, 제럴드 피어슨이 광전 효과를 이용하여 발전하는 '태양 전지'를 발명했어.

태양 전지는 패널에 태양광이 닿는 순간 광전 효과가 일어나서 전류가 발생하는 것을 이용해.

화력 발전과 다르게 태양광 발전은 이산화탄소를 만들지 않기 때문에 친환경 에너지원으로 주목을 받고 있어.

지구온난화로부터 지구를 구해줄 구원자

주택가를 거닐다 보면 지붕 이곳저곳에서 검은 패널을 볼 수 있습니다. 차를 타고 교외를 달리면 논밭에 수많은 패널이 나열되어 있는 모습을 보기도 합니다.

여러분도 아시다시피 태양광 발전 패널입니다. 가정에서 만든 전기를 구매한다는 이야기로 화제가 된 적이 있는데, 태양광을 받기만 해도 전기를 생산할 수 있습니다.

전기는 현대 문명에서 빠질 수 없지만, 발전으로 인하여 발생하는 이산화탄소는 지구의 기온을 올리는 사회 문제를 야기합니다.

현재 세계 전력의 절반 이상은 화력 발전으로 생산되고 있습니다. 화력 발전은 석탄, 석유, 천연가스 등의 연료를 태워서 발전하는 형태로, 이 과정에서 대량의 이산화탄소가 대기 중으로 배출됩니다.

이산화탄소는 열을 가두는 성질이 있으므로 대기 중의 이산화탄소가 늘어날수록 대기는 잘 식지 않게 되며 기온이 높아집니다. 이 현상이 여러분도 자주 들어 본 '지구 온난화'입니다.

온난화로 인하여 북극 및 남극의 빙하가 녹고 해수면이 상승하여 육지가 감소하고, 기후 균형이 무너져 전 세계 각지에서 이상 기후가 증가하고, 자연 환경이 급속도로 변화하여 멸종하는 생물이 등장하는 등 다양한 변화들이 이미 나타나고 있습니다.

이렇게 심각한 상황인 와중에 태양광 발전은 이산화탄소를 배출하지 않는 청정에너지(이산화탄소를 배출하지 않는 발전 방법을 부르는 용어)의 대표 격으로 주목받고 있습니다.

그런데 태양광 발전 패널은 도대체 무슨 원리로 빛을 통하여 전기를 만들 수 있는 것일까요?

이 비밀이 무엇인지 고민하기 전에 전기의 정체에 관하여 알 필요가 있습니다. 사실 **전기의 정체는 '전자'라고 부르는 작은 입자의 집합체입니다. 우리가 평소에 '전기'라고 부르며 일상생활에서 사용하는 것은 이 전자가 수없이 많이 모인 집단입니다.**

가전제품 안에 흐르는 전기, 하늘에서 떨어지는 번개도 모두 이 전자로 이루어져 있습니다. 여러분이 스마트폰을 만질 때도 스마트폰 안에서는 셀 수 없을 만큼 많은 전자가 움직이고 있습니다.

전기를 만드는 장치를 살펴보자

전기를 만드는 장치를 발전기라고 부릅니다. 발전기는 전자를 대량 발생시키는 장치라고 할 수 있습니다. 태양광 발전 패널도 발전기의 종류 중 하나입니다.

그렇다면 전기는 어떻게 만드는 것일까요?

사실 전기를 만드는 방법은 여러 가지가 있습니다. 전 세계 전기의 절반은 화력 발전과 원자력 발전으로 만들어지므로 각 발전 방법을 먼저 설명한 뒤에 태양광 발전을 설명하겠습니다. 이 순서가 전체를 이해하기 쉬울 것입니다.

화력 발전과 원자력 발전은 '코일(구리선을 원통에 감은 것) 옆에서 자석을 회전시킬 때 코일에 전류가 발생하는 현상'을 이용합니다. 이 현상을 '전자기 유도'라고 부르며, 대부분의 발전기에 이 원리가 사용됩니다.

화력 발전의 발전기는 자석의 주변을 코일로 감싸고, 자석의 끝에 터빈(날개바퀴)이 달린 구조로 되어 있습니다. 석탄, 석유, 천연가스를 태운 열로 물을 끓여서 발생시킨 수증기로 터빈을 돌립니다. 터빈이 회전하면서 자석이 돌아가고 전류가 발생합니다.

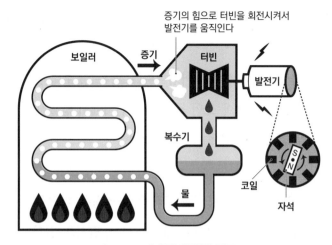

[도표 8-1] 화력 발전의 구조

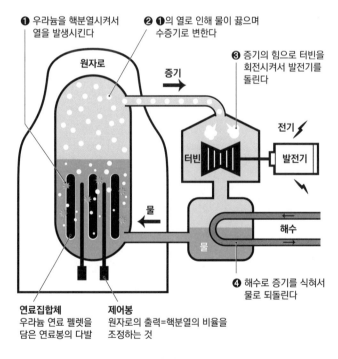

[도표 8-2] 원자력 발전의 구조

원자력 발전도 원리는 동일합니다. 우라늄이 핵반응을 일으킬 때 발생하는 열로 물을 끓여서 수증기를 만들고, 수증기로 터빈을 회전시키면 자석이 돌아갑니다[도표 8-2]. 수력 발전도 원리는 동일합니다. 댐에 모인 물을 높은 위치에서 방출하고, 떨어지는 물의 힘으로 터빈을 회전시킵니다.

정리하면 '**화력**', '**수력**', '**원자력**' **등의 명칭은 터빈을 돌리는 방법에 따라 다르게 표기한 것에 불과하고, 발전의 원리는 모두 전자기 유도를 이용합니다.**

반면에 **태양광 발전의 원리는 전자기 유도가 아닙니다. 태양광 발전은 '광전 효과'라는 현상을 이용하여 전기를 생산합니다.**

전기가 통하는 물질에 빛을 비추면 그 표면에서 전자가 튀어나옵니다[도표 8-3]. 이것이 바로 광전 효과입니다.

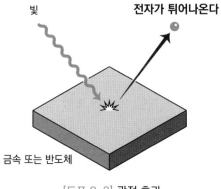

[도표 8-3] 광전 효과

광전 효과는 독일의 물리학자 헤르츠가 1887년에 발견한 현상입니다. 헤르츠가 광전 효과를 발견한 당시의 실험은 [도표 8-4]와 같습니다.

이 실험 장치는 진공 용기 안에 2장의 금속판이 있고, 이 금속판에 전압을 걸도록 만들어졌습니다. 2장의 금속판 사이에는 틈

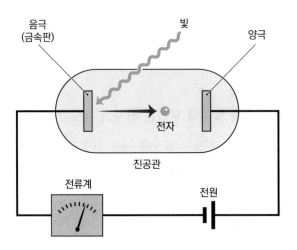

[도표 8-4] 광전 효과의 실험

이 있어서 단순히 전압을 거는 것만으로는 장치에 전류가 흐르
지 않습니다.

그러나 이 금속판에 빛을 비추면 놀랍게도 전류가 흐르기 시
작합니다. 다시 말하면 금속판 사이에 있는 틈 사이를 날아서 전
류가 흐른다는 뜻입니다. 이 실험 결과는 광전 효과가 일어난다
는 증거가 됩니다.

금속판 사이에는 틈이 있으므로 단순히 전압을 거는 행위만
으로는 전자가 틈 사이를 날지 못하여 전류가 흐르지 않습니다.
그러나 금속판에 빛을 비추면 광전 효과가 발생하여 한쪽 면의
금속판에서 전자가 튀어나오고, 이것이 반대쪽 금속판에 닿으
며 전자(=전기)가 틈 사이를 뛰어넘는 것입니다.

참고로 이 실험 장치는 광전 효과를 위해서 만들어진 장치가 아니었습니다. 헤르츠는 이 장치를 사용하여 전자파를 방출하는 실험을 하려고 하였으나 그 와중에 우연히 광전 효과도 발견한 것입니다. 다만 헤르츠의 연구는 광전 효과의 구조를 밝혀내는 것까지는 이르지 못했습니다.

시간이 지나 20세기가 되어서 알베르트 아인슈타인이 광전 효과의 원리를 밝혀내는 것에 성공했습니다. 아인슈타인은 이 광전 효과의 연구로 업적을 인정받고 1921년에 노벨 물리학상을 받았습니다.

아인슈타인이 밝혀낸 광전 효과의 원리는 매우 간단합니다. **이론의 포인트는 빛이 '광자'라고 부르는 아주 작은 입자로 구성되어 있다는 사실입니다.**

사실 모든 물질은 전자를 지니고 있습니다. 여기에 빛을 비춘다는 것은 아인슈타인의 생각에 따르면, 광자가 물질에 내리쬔다는 뜻입니다. 이때 광자는 물질 안의 전자에 부딪히며 당구공처럼 튕겨나가기 시작합니다. 이렇게 전자가 물질의 바깥으로 튀어나가면서 광전 효과가 일어납니다.

아인슈타인이 노벨상을 받은 이유는 광전 효과의 연구를 통해서 빛의 정체를 밝혀냈기 때문입니다. 빛이 무엇으로 구성되었는지에 관해서는 오랜 기간 수수께끼였습니다.

아리스토텔레스와 뉴턴 등 세계적 철학자와 과학자도 밝혀내지 못한 난제였습니다. 그 정체가 '광자'라는 입자임을 아인슈타인이 발견하며 노벨상을 받게 된 것입니다.

본래 이야기로 돌아가서, 태양광 발전 패널에 태양광이 닿으면서 이 현상이 일어나게 됩니다. 다만 단순히 전자가 튀어나가는 것만으로는 부족합니다. 이를 전기로 만들어 우리가 사용하기 위해서는 '전류'로 가정까지 흘려보내야 합니다.

이 문제를 해결하기 위해서 태양광 발전 패널은 반도체라고 부르는 물질로 이루어져 있습니다. 반도체는 스마트폰, 가전제품, 자동차 등 다양한 공업 제품에 사용되고 있습니다. 하지만 사회의 전자화가 급속히 진행되면서 반도체의 수요는 급격히 늘어나는 반면에 공급은 따라가지 못하여 세계적으로 난감한 상황입니다.

전기가 통하는 물질을 '도체', 전기가 통하지 않는 물질을 '절연체'라고 부릅니다. 구리나 철 같은 금속은 도체이며 고무나 돌 같은 물질은 절연체입니다.

반도체는 그 이름으로 추측할 수 있듯이 도체와 절연체의 중간 성질을 지닌 물질이며 한 방향으로만 전류가 통하는 물질입니다. 그래서 이 반도체를 재료로 사용하는 태양광 패널은 튀어나온 전자들이 모두 같은 방향으로 이동할 수밖에 없고, 결국 커다란 한 방향으로 흐름이 만들어지며 '전류'가 됩니다.

이 모습은 일방통행 도로와 비슷합니다. 서쪽에서 동쪽으로만 주행할 수 있는 길이라면 어떤 차라도 따를 수밖에 없습니다. 결국 서쪽에서 동쪽으로만 향하는 차량의 흐름이 만들어집니다.

이 차를 전자로, 차의 흐름을 전류로 바꾸어 생각하면 반도체를 사용하는 태양광 패널의 구조가 머릿속에 쉽게 떠오르지 않나요?

전자는 집순이에 내성적인 소녀다

태양광 발전의 구조를 알았으니 서두의 수식을 설명하겠습니다. 수식을 다시 살펴보겠습니다.

$$K = E - W$$

K : 튀어나온 전자가 지닌 에너지
E : 광자의 에너지
W : 전자가 튀어나올 때 소모하는 에너지

광전 효과를 나타내는 이 수식의 좌변에 있는 K는 광자에서 튕겨 나와 날아가는 전자가 지닌 에너지입니다.

이 식을 태양광 패널의 예시에 적용하면 패널에 닿은 빛이 원래 지니고 있던 에너지 E와 패널 안에 존재하는 전자가 튀어나올 때 소모하는 에너지 W의 뺄셈이 됩니다. 광자에 부딪힌 전자는 그 광자의 에너지 E를 흡수하고, 일부는 물질에서 바깥으로 튀어나갈 때 소모하며, 나머지(E-W)는 그대로 지니게 됩니다.

참고로 빛의 에너지 E가 W보다 작은 경우에는 튀어나가기 위해 필요한 에너지가 충분히 확보되어 있지 않으므로 전자는 튀어나가지 못하며 광전 효과도 일어나지 않습니다.

전자는 집순이에 내성적인 소녀라고 생각하면 이해하기 쉬울 것입니다. 친구가 놀러 와도 좀처럼 바깥에 나가려 하지 않고 방에서 놀고 싶어 합니다. 평범한 친구는 웬만해서는 이 아이를 바깥으로 데리고 나갈 수 없습니다.

쾌활한 성격의 친구가 엄청난 기세로 찾아와서 '놀러 나가자!'라고 말하며 억지로 방에서 끌고 나와야 겨우 외출합니다. 이 경우에 쾌활한 성격의 친구가 지닌 에너지가 E이며 내성적인 소녀를 바깥으로 데리고 나가기 위해 사용하는 에너지가 W, 그리고 쾌활한 성격의 친구가 불어넣은 용기로 외출한 소녀가 지닌 에너지가 K(=E-W)입니다. 태양광 패널 안에서는 내성적인 전자를 쾌활한 광자가 바깥으로 데리고 나가는 청춘 드라마가 펼쳐지고 있습니다.

이렇게 생각하고 태양광 패널을 보면 반짝반짝 빛나는 흑요석처럼 생긴 표면이 빛나는 청춘처럼 보이기도 합니다.

원래 이야기로 돌아와서, K=E-W라는 간단한 수식은 **물질에 빛을 비추면 전류가 흐르는 현상(=광전 효과)**을 가리킵니다.

앞서 설명하였듯이 이 수식은 빛의 본질을 나타냅니다. 그리고 이 '전류가 흐른다'라는 성질을 산업에 활용하면서 태양 전지라는 차세대 에너지가 탄생하였습니다.

이것이 궁극의 청정에너지다!

현재는 풍력, 수력, 태양광, 지열 등 다양한 청정에너지가 개발된 상태입니다. 무엇을 청정에너지로 볼 것인지에 관한 기준은 여전히 논쟁거리이며, 온난화 가스를 많이 배출하지 않더라도 방사성 폐기물이 내오는 원자력 발전을 청정에너지로 보아야 하는지에 관한 난제도 전 세계에서 논의하고 있습니다.

현재 인류는 탈탄소(=이산화탄소를 배출하지 않는 에너지원으로 전환하는 것)를 목표로 이러한 기술 개발을 진행하고 있는데, 미래 인류가 손에 넣을지도 모르는 '궁극의 청정에너지'는 어떤 것일까요?

바로 **반물질**입니다. 반물질이라는 이름의 유래는 단어 그대로 물질의 반대라는 뜻인데, 무엇이 반대인지 설명하기 전에 물질에 대하여 간단히 알아보겠습니다.

물질은 '원자'라는 입자로 구성되어 있습니다. 그리고 원자는 중심에 있는 원자핵과 그 주변을 도는 전자로 이루어져 있습니다[도표 8-5].

전자가 원자핵에서 벗어나지 않고 주변을 계속 도는 이유는 플러스 전기를 지닌 원자핵, 마이너스 전기를 지닌 전자가 서로를 끌어당기고 있기 때문입니다.

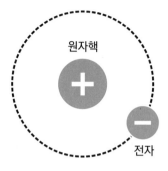

[도표 8-5] 물질의 구조

반물질은 플러스와 마이너스가 반대로 되어 있습니다. [도표8-6]처럼 원자핵이 마이너스, 전자가 플러스입니다(정확히는 플러스의 전기를 지닌 경우에는 전자가 아니라 양전자라고 부릅니다). 플러스와 마이너스가 물질과 반대라서 '반反'물질이라고 부릅니다.

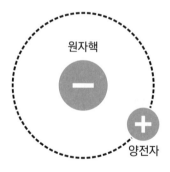

[도표 8-6] 반물질의 구조

반물질을 궁극의 청정에너지라고 부르는 이유는 다음과 같습니다.

1. 이산화탄소와 방사성 폐기물 모두 배출하지 않는다
2. 생산되는 에너지가 방대하다

반물질은 물질과 반응하여 에너지로 변하는 성질이 있습니다. 발생하는 에너지의 양은 아인슈타인이 발견한 세계에서 가장 유명한 공식으로 계산합니다. 반물질과 물질의 질량의 합계를 m이라고 하면 발생하는 에너지 E는 이렇습니다.

$$E = mc^2$$

이 수식을 바탕으로 하여 계산해 보면, **반물질 1g에서 약 90조 J^{Joule}의 에너지를 추출할 수 있다는 것을 알 수 있습니다. 이는 나가사키에 투하된 원자폭탄 '팻 맨'과 같은 수준의 에너지입니다.** 만약에 반물질로 구성된 1g 짜리 동전이 있다고 가정하면 주변에 같은 무게(1g)의 물질과 반응(물질 1g과 반물질 1g, 총 2g이 반응)하여 180조J의 에너지가 발생합니다(1g이 90조J이므로 2g은 180J). 이는 팻 맨 위력의 2배에 해당하며 세계 제일의 도시 맨해튼을 날릴 수 있을 만큼 방대한 에너지입니다.

반물질이 품은 에너지는 현대의 각종 에너지원을 훨씬 초월하며 발전에 이용할 수 있다면 틀림없이 궁극의 에너지원이 될 수 있습니다.

그러나 솔직히 얘기하자면 반물질 발전은 현재 시점에서는 완전히 꿈같은 이야기입니다. 반물질은 자연계에 없으므로 인공적으로 만들어야 하는데, 이를 만들기 위해서는 **입자 가속기라는 엄청난 크기의 장치가 필요합니다.**

게다가 이 장치를 사용하더라도 아주 적은 양만 만들 수 있습니다. **현대 기술로 1g의 반물질을 만들려면 1000억 년이 걸립니다.** 말 그대로 꿈의 기술입니다.

2009년 영화 〈천사와 악마〉는 유럽 입자 물리 연구소^{CERN}가 가지고 있는 세계 최대의 입자 가속기로 만들어진 반물질이 테러범에게 도난을 당한다는 스토리인데, 도난을 당해서 문제가 될 만한 양을 애초에 만들지 못하므로 현실에서 이러한 위험이 일어날 걱정은 하지 않아도 됩니다.

게다가 **현대의 기술로 반물질을 만든다고 하더라도 이를 저장할 방법은 없습니다.**

현대의 주 에너지원인 석유는 탱크에 넣어서 저장할 수 있습니다. 그러나 반물질은 물질에 닿기만 해도 반응하여 에너지로 변하므로 탱크 같은 용기에 넣어서 저장할 수가 없습니다.

'꿈의 기술'이라고 부르는 이유가 바로 이 때문이지만 반물질은 아직 실용화하기에는 이릅니다. 언젠가 인류가 반물질을 대량으로 만들어 안전하게 이용하는 방법을 발견한다면 완전히 청정한, 그리고 무한의 에너지원이 될 것입니다.

그렇게 진보한 인류의 문명이 어떤 모습일지는 현대를 사는 우리는 상상도 하기 어려워 보입니다.

Chapter 9

수식은 아티스트였다!

$$z_{n+1} = z_n^2 + c$$

$$z_1 = 0$$

인물, 지형, 식물에서도 발견된다

$$z_{n+1}=z_n{}^2+c \quad z_1=0$$

어떤 분야의 수식이야?

놀랍게도 예술 분야의 수식이야!

어디에 사용하는 수식이야?

'망델브로 집합'이라고 부르는 세계에서 가장 복잡한 도형을 그리기 위한 수식이야.

이 수식이 생겨난 계기는 뭐야? 그리고 세상의 어떤 문제를 해결한 거야?

수학의 세계에서는 수식을 반복하여 적용할 때 수치가 변하는 모습을 운동에 비유하여 연구하려는 사고방식이 있어.

이러한 연구 와중에 '망델브로 집합'이라고 부르는 신기한 도형이 발견된 거야.

이 수식으로 세상은 어떻게 바뀌었을까?

망델브로 집합은 도형의 일부를 확대하면 도형의 전체 모습과 비슷한 형태가 나타나는 '자기 유사성'의 특징이 있어.

망델브로는 이 연구를 계기로 자기 유사성의 특징이 있는 도형을 다루는 수학의 새로운 분야 '프랙털 기하학'을 만들었어.

해안선, 혈관, 나뭇가지 등 자연에는 자기 유사성의 특징이 있는 도형(＝프랙털 도형)이 많아.

프랙털 기하학의 등장으로 인해 자연계에 존재하는 법칙성이 있는 도형의 연구가 활발해졌어. 직접 한번 찾아봐. 뜻밖의 도형을 찾을지도 몰라.

망델브로 집합은 학문적으로도 아주 흥미로울 뿐 아니라 컴퓨터의 성능 평가 등 실용적인 목적으로도 사용되고 있어.

이 세상에서 가장 복잡한 도형

    수학의 세계에서는 수식을 반복하여 적용할 때 수치가 변화하는 모습을 운동에 비유하여 연구하려는 분야가 있습니다. 서두의 수식은 이러한 **'수의 운동'을 생각하기 위한 것**입니다. 이렇게 숫자의 '운동'을 연구하다 보면 생각지도 못한 발견을 할 때가 있습니다.

    이번 이야기의 숨겨진 테마는 **'세렌디피티(=생각지 못한 발견)'** 입니다. 여러분은 무언가에 가로막혀 있을 때 생각지 못한 발견을 한 적이 있나요? 이번에는 그런 이야기입니다.

    '이 세상에서 가장 복잡한 도형을 그려 주세요' 라는 질문에 여러분은 어떻게 답하시겠습니까? 상당한 예술적 재능이 없으면 절대로 불가능하다는 생각이 드나요?

    사실 서두의 수식과 컴퓨터만 있으면 그릴 수 있습니다. 게다가 이 도형은 학문적으로 흥미로운 성질을 지니고 있으며 세상에 많은 도움도 주고 있습니다.

    바로 본론으로 들어가고 싶지만 그 전에 이번 장을 이해하는 데 꼭 필요한 '복소평면'을 살펴보겠습니다. 복소평면은 Chapter

3에서 다루었으므로 자세한 설명은 앞부분을 참고해 주세요.

수학에서는 제곱하면 -1이 되는 '허수 단위' i가 있으며 일반적인 수의 수직선(가로축)과 i 전용 수직선(세로축)이 교차하는 평면이 존재합니다. 이 평면이 '복소평면'입니다.

이 복소평면 위의 점을 '복소수'라고 부르며 일반적인 수에 i의 몇 배를 더한 $c=a+bi$라는 형태로 나타냅니다. 여기서 a(실수 부분)는 가로축의 값, b(허수 부분)는 세로축의 값에 대응합니다. [도표 9-1]은 a=3, b=2의 경우, $c=3+2i$의 경우를 나타내고 있습니다.

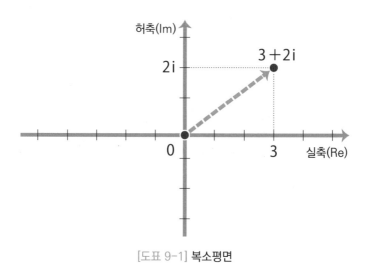

[도표 9-1] 복소평면

'원점에서 벗어나지 않기'가 그리는 도형

서두의 수식은 이 복소평면 안에서 생각합니다.

식을 보면 z, n, c라는 3개의 문자가 나옵니다. 문자가 많아서 복잡해 보이지만 전혀 그렇지 않습니다. 이는 **z의 값을 단계마다 계산하는 '점화식**漸化式**' 타입의 수식**입니다. 여기서 '점漸'은 '점점 진행된다'라는 의미를 지닌 한자입니다. n이 1, 2, 3, 4, …로 점점 진행되므로 점화식(=n의 값이 점점 변화하는 식)이라고 부릅니다.

z의 오른쪽 아래에 있는 문자 n은 몇 번째 단계에 있는지를 나타냅니다. 이 수식을 사용하면 n번째 단계의 z(z_n이라고 표기)에서 n+1번째 단계의 z(z_{n+1}이라고 표기)를 계산할 수 있습니다.

다만 최초의 출발점은 정해야 합니다. 그래서 첫 번째의 z(z_1)는 0으로 정합니다. 따라서 $z_1 = 0$입니다. 이렇게 출발점을 정하면 다음에는 점화식으로 계속 계산할 수 있습니다.

구체적인 이미지를 떠올리기 위해서 손을 움직여 계산해 봅시다. 시험 삼아 $n=1$이라고 하면 서두의 수식은 이렇게 됩니다.

$$z_{1+1} = z_1^2 + c$$
$$z_2 = z_1^2 + c$$

시작은 $z_1 = 0$으로 정했습니다.

$$z_2 = 0^2 + c$$
$$z_2 = c$$

식의 값은 이렇게 되며 z_1의 값을 통해서 다음 단계인 z_2의 값을 계산할 수 있습니다(c는 메인 테마이므로 아껴 두었다가 나중에 설명하겠습니다).

마찬가지로 $n=2, 3, 4, \cdots$로 순서에 따라 계산하면 $z_3, z_4, z_5, \cdots$로 값을 알 수 있게 됩니다.

색다를 것 없는 숫자놀이에 불과한 것처럼 보이지만 이 수식은 아주 심오한 성질을 지니고 있습니다. 수학의 한 분야를 만드는 계기가 될 정도입니다.

이 수식의 정체는 '수의 운동'을 알아내기 위한 식입니다. 말로만 설명하면 이해하기 어려우므로 구체적인 예시를 통해 살펴보겠습니다.

c의 값이 0이라면 z_n은 어떻게 될까요? 실제로 계산해 보면 알 수 있습니다(아까 시작은 $z_1 = 0$이라고 정했습니다).

n=1일 때

$$z_{1+1} = z_1{}^2 + c$$

$$z_2 = 0^2 + c$$

$$z_2 = c = 0$$

n=2일 때

$$z_{2+1} = z_2{}^2 + c$$

$$z_3 = 0^2 + c$$

$$z_3 = c = 0$$

이렇게 계속 계산하면 z_1, z_2, z_3, …의 값을 순서대로 알 수 있습니다. 보기 쉽게 표로 나타내 봅시다[도표 9-2].

단계	값
z_1	0
z_2	0
z_3	0
z_4	0
z_5	0
……(※)	

※ z_6 이후는 생략

[도표 9-2] c=0일 때의 z_n

이렇게 z_n은 계속 0입니다. 따라서 z_n은 계속 복소평면 위에서 0의 위치에 있습니다.

복소평면에서는 0의 위치를 '원점'이라고 부릅니다. c=0일 때 z_n은 원점에서 가만히 있다는 뜻입니다.

이어서 c=-1일 때는 어떻게 되는지 알아보겠습니다. 마찬가지로 z_n을 계산하면 다음과 같이 나옵니다.

$$z_{1+1}=z_1{}^2+(-1) \quad \rightarrow \quad z_2=0^2-1=-1$$

$$z_{2+1}=z_2{}^2+(-1) \quad \rightarrow \quad z_3=(-1)^2-1=0$$

$$z_{3+1}=z_3{}^2+(-1) \quad \rightarrow \quad z_4=0^2-1=-1$$

단계	값
z_1	0
z_2	-1
z_3	0
z_4	-1
z_5	0
……(※)	

※ z_6 이후는 생략

[도표 9-3] c=-1일 때의 z_n

z_n의 값은 0과 -1이 번갈아 가면서 나옵니다. 따라서 c=-1일 때 z_n은 -1과 0을 오갑니다. 인간에 비유하면 -1과 0의 사이를 반복적으로 뛰는 것과 같습니다.

마지막으로 난이도를 조금 올려서 $c = 1 + i$일 때 z_n의 운동이 어떻게 되는지 마찬가지로 z_n을 계산해 봅시다.

$$z_{1+1} = z_1^2 + (1+i) \rightarrow z_2 = 0^2 + 1 + i = 1 + i$$

$$z_{1+2} = z_2^2 + (1+i)$$

$$\rightarrow z_3 = (1+i)^2 + (1+i)$$

$$= (1+i) \times (1+i) + (1+i)$$

$$= (1 \times 1) + (1 \times i) + (i \times 1) + (i \times i) + (1+i)$$

$$= 1 + i + i - 1 + 1 + i = 1 + 3i$$

$$\vdots$$

단계	값
z_1	0
z_2	1+i
z_3	1+3i
z_4	−7+7i
z_5	1−97i
z_6	−9407−193i
z_7	88454401+3631103i
······(※)	

※ z_8 이후는 생략

[도표 9-4] $c = 1 + i$일 때의 z_n

이번에는 숫자가 급격하게 커졌습니다. 이대로는 알아보기가 어려우므로 z_n이 복소평면에서 어떻게 움직이는지 알아보겠습니다[도표 9-5].

도표를 보면 z_n은 원점에서 점점 멀어진다는 사실을 알 수 있습니다. $c=1+i$일 때 z_n은 원점에서 급속히 멀어집니다.

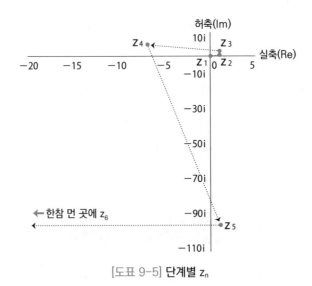

[도표 9-5] 단계별 z_n

c의 값에 따라 z의 움직임이 크게 변하는 것이 이 수식의 흥미로운 점입니다.

$c=0$일 때는 원점에서 가만히 움직이지 않는다.
$c=-1$일 때는 활발하게 왕복으로 움직이며 뛴다.

c=1+i일 때는 엄청난 스피드로 원점에서 멀어진다.

이렇게 c의 값에 따라 z는 '변신'을 합니다.

여기서 학자들은 재미있는 생각을 합니다. c의 값을 계속 바꾸다 보면 ① 'z가 원점에서 멀어지는' 경우(예를 들어 c=1+i일 때)와 ② 'z가 원점에서 멀어지지 않는' 경우(예를 들어 c=0 또는 c=-1일 때)로 나뉩니다. 그렇다면 c는 어떤 값일 때 ①이 되고 ②가 되는 것인지 조사해 보자는 것입니다.

다시 말하면 학자들은 z가 움직이는 방식에 관심을 가지기 시작한 것입니다. **어떨 때 z는 원점 근처를 서성이고 어떨 때 멀어지는지 그 '운동'의 법칙을 밝혀내고 싶었습니다.**

이 연구를 통해서 여러 흥미로운 사실을 발견하게 되는데, 차차 알아보겠습니다.

프랑스 수학자 브누아 망델브로Benoît B. Mandelbrot는 c의 값을 이리저리 바꾸며 z의 움직임을 확인하고 z가 원점에서 멀어지지 않는 경우의 c를 검게 칠하였습니다. 그리고 z가 원점에서 멀어지는 경우는 c를 하얗게 칠하였습니다. 그 결과로 나타나는 도형이 [도표 9-6]의 상단입니다.

c가 검게 칠해진 구역 안에 있을 때 z는 원점에서 멀어지지 않습니다. 반대로 그 주변의 하얀 곳에 c가 있을 때 z는 원점에서

멀어집니다.

실제로 조금 전에 구체적으로 계산한 결과를 비교해 보면 $c=0$일 때와 $c=-1$일 때는 검은 구역(=z가 원점에서 멀어지지 않는)에 있다는 것을 알 수 있습니다. 그리고 $c=1+i$인 경우에는 하얀 구역(=z가 원점에서 멀어지는)에 있다는 것을 알 수 있습니다.

망델브로는 이 검은 구역이 복잡한 모양으로 되어 있다는 것에 놀랐습니다. 이 모양은 발견자인 망델브로의 이름을 따서 '망델브로 집합'이라고 부릅니다. '집합'인 이유는 이 검은 구역이 'z가 원점에서 멀어지지 않는다'라는 특징을 지닌 c의 값의 모음이기 때문입니다.

망델브로 집합은 세계에서 가장 복잡한 도형으로 알려져 있습니다. **그 이유는 도형의 일부를 확대해 보면 도형 전체와 똑같은 모양으로 되어 있고, 그 일부를 확대하면 또다시 전체 도형과 같은 모양이 나타나며 이것이 끝없이 반복되는 신기한 구조로 되어 있기 때문입니다.**

실제로 도형의 일부를 확대한 결과가 [도표 9-6]의 하단입니다. 어떤가요? 원래 도형과 똑같은 도형으로 보이지 않나요?

실제로 수학자가 슈퍼컴퓨터를 이용하여 확인한 결과, 이 도형은 끝없이 확대하여도 계속 도형 전체와 똑같은 복잡한 모양이 나타납니다.

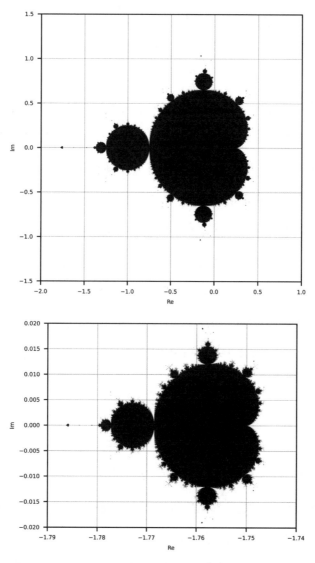

[도표 9-6] 망델브로 집합

망델브로 집합의 실물을 살펴보자

[도표 9-6]은 제가 만든 컴퓨터 프로그램으로 그린 망델브로 집합입니다. 구체적으로는 Python이라는 프로그램 언어를 사용하여 c의 값을 이리저리 바꾸며 z_n을 계산하고, z_n이 원점에서 멀어지는지 아닌지를 자동으로 판별합니다. 그리고 z_n이 원점에서 멀어진 경우의 c를 흰색 점, 멀어지지 않은 경우의 c를 검은 점으로 복소평면 위에 입력하였습니다. 이 신기한 예술 작품 같은 모양을 한 검은 부분이 망델브로 집합입니다.

이 검은 부분에 속하는 점은 z_n이 원점에서 멀어지지 않습니다. 반면에 그 바깥의 영역에 있는 점은 z_n이 원점에서 멀어집니다.

앞서 설명하였지만, 이 도형은 일부분을 확대하면 원래 도형과 같은 모양이 나타나는 특징이 있습니다. 실제로 [도표 9-6]의 하단 그림은 망델브로 집합의 가장자리(네모로 감싼 부분)를 60배 확대한 것인데, 도형 전체와 똑같은 모양을 하고 있습니다. 이렇게 **부분이 전체와 닮은 것을 '자기 유사성'이라고 합니다.** 자기 유사성이라는 단어는 문자 그대로 '자기(=나 자신)'와 닮아 있다는 뜻입니다.

제가 집에서 이용하는 컴퓨터의 성능으로는 이보다 더 배율을 확대하면 계산 시간이 급격히 오래 걸려서 멈추게 되었지만, 사실은 그 어떤 작은 부분을 확대하더라도 도형 전체와 같은 모양의 복잡한 패턴이 나타납니다.

그래서 수학자와 수학 애호가 중에서는 고성능 컴퓨터를 사용하여 망델브로 집합의 배율을 계속 확대하며 누구도 본 적이 없는 배율의 세부 패턴을 찾는 사람도 많습니다.

주변에 넘쳐나는 '자기 유사성'의 도형

망델브로는 망델브로 집합 이외에도 자기 유사성의 성질을 지닌 도형이 많이 있다는 것을 발견하였고, **'프랙털 도형'**이라는 이름을 붙였습니다. 프랙털^{fractal}은 라틴어 프랙터스^{fractus}를 망델브로가 바꾸어 만든 단어입니다. 이 단어에는 '일부', '단편'이라는 의미가 있으며 일부의 형태가 도형 전체와 닮아 있다는 특징과 연관이 있습니다.

사실 우리 주변에도 다양한 프랙털 도형이 있습니다. [도표 9-7]에 나뭇가지처럼 보이는 프랙털 도형의 예시가 나와 있습니다. 가장 왼쪽에 있는 도형에서 시작하여 도형 전체를 축소하고 복사한 뒤 각 가지에 붙이는 과정을 반복하여 만든 것입니다.

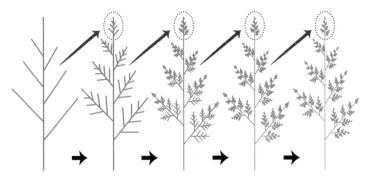

[도표 9-7] 프랙털 도형의 예시

따라서 이 도형은 일부가 전체와 닮아 있는 자기 유사성의 특징을 지닌 프랙털 도형이라 할 수 있습니다.

이외에도 자연계와 인체에는 다양한 프랙털 구조가 있습니다. 사람의 기관지는 폐 안에서 무수히 갈라져 나오는 패턴이 반복되어 나타나며 혈관도 [도표 9-7]의 나뭇가지처럼 갈라져 나오는 패턴이 반복됩니다. 이것도 프랙털의 한 구조입니다.

공사가 되어 있지 않은 자연의 해안선도 프랙털 도형의 대표적인 예시입니다[도표 9-8]. 해안선도 위성사진을 통해 보면 복잡한 모양으로 되어 있다는 것을 알 수 있습니다. 그리고 그 일부를 확대해 보면 전체와 똑같은 모양이 나타납니다.

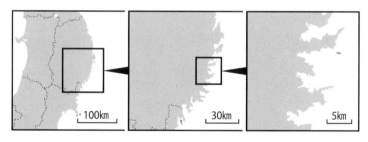

[도표 9-8] 해안선에 보이는 프랙털 도형

이런 식으로 망델브로 집합이 지닌 자기 유사성은 자연계에서도 빈번하게 나타나는 특징입니다. 그렇기 때문에 우리는 프랙털 도형에 매력을 느끼는 것일 수도 있습니다.

프랙털 도형을 다루는 수학의 분야를 '프랙털 기하학'이라고 부르며 망델브로에 의해 만들어졌습니다.

왜 자연계에서 수많은 프랙털 구조를 발견할 수 있는 것일까요? 이유는 몇 가지가 있는데, **생물의 경우에는 생존에 도움이 되는 장점이 있기 때문입니다.** 예를 들어 혈관은 무수히 갈라져서 뻗어나가는 구조 덕분에 몸 구석구석까지 혈액을 옮길 수 있습니다.

또한 기관지는 프랙털 구조인 덕분에 산소를 효율적으로 흡수할 수 있습니다. 사람의 기관지는 폐 안에서 수없이 갈라져 나오는 구조가 반복되며, 그 끝에는 폐포라는 작은 주머니가 무수히 달려 있습니다. 이 폐포로 공기 중의 산소를 혈액에 공급해 호흡을 할 수 있는 것입니다.

폐포는 폐 안에 약 3억 개가 있으며 그 표면적을 다 더하면 테니스 코트의 절반에 해당하는 넓이라고 합니다. 이 넓은 면적 덕분에 산소 공급이 원활하게 이루어집니다.

만약에 사람의 폐가 프랙털 구조가 아니라 매끈한 구조였다면 표면적은 훨씬 작아질 것입니다. 이때 우리가 충분한 산소를 공급 받으려면 지금보다 수십 배나 더 빠르게 호흡해야 합니다. 산소를 잘 공급하기 위하여 폐가 진화한 결과, 프랙털 구조가 된 것입니다.

나무도 마찬가지로 프랙털 구조가 생존에 유리합니다. 무수히 뻗어 나온 나뭇가지의 끝에는 수많은 잎이 달려 있고, 이 잎으로 태양의 빛을 받아서 광합성을 하며 살아가기 때문입니다. 이때도 모든 잎의 표면적을 더하면 상당한 넓이가 나오므로 많은 빛을 받을 수 있는 것입니다.

이렇게 보면 복잡한 구조로 되어 있기만 하면 딱히 프랙털(자기 유사성) 구조가 아니더라도 괜찮을 것이라는 생각이 들 수 있습니다.

그러나 프랙털 구조는 '반복하여 만들 수 있다'라는 장점이 하나 더 있습니다. [도표 9-7](나뭇가지의 프랙털 도형)처럼 프랙털 도형은 간단한 규칙이 반복되어 만들어집니다.

생물의 몸은 세포 안에 있는 작은 DNA를 설계도로 하여 만들어지므로 DNA에 담을 정도의 한정된 정보량으로 몸을 설계해야 합니다. 따라서 단순한 규칙으로 만들어지는 프랙털 도형은 아주 편리하다고 할 수 있습니다.

해안선이 프랙털 구조로 되어 있는 이유도 연구가 진행되었는데, 아무래도 해안선이 만들어지는 과정에 비밀이 숨어 있는 것 같습니다. 들이닥치는 파도가 바위를 침식하여 해안선의 형태가 만들어지는데, 이때 지형과 해류의 관계에 따라 침식이 강한 곳과 약한 곳이 발생하고 그 결과로 아주 복잡한 형태의 해안선이 만들어집니다.

애초에 망델브로는 어떻게 이러한 발견을 하게 되었을까요?

원래 그는 수학의 연구 주제 중 하나인 '역학'의 연구를 하고 있었습니다. 역학이란 물체의 운동을 연구하는 학문입니다. 특히 이번처럼 복소평면 위에서의 운동에 관한 연구를 '복소 역학'이라고 부릅니다. 하지만 그는 수학자였고 물리학자는 아니었으므로 물체의 운동을 연구한 것은 아니었습니다.

반복해서 말하지만 수학의 세계에서는 수식을 반복적으로 적용할 때 수치가 변하는 양상을 운동으로 간주하는 사고방식이 있습니다.

이 경우에 운동하는 것은 z입니다. 먼저 원점($z_1=0$)에서 시작하여 n의 값을 점점 증가시키면 z의 값이 $z_1 \rightarrow z_2 \rightarrow z_3 \rightarrow z_4 \rightarrow z_5 \rightarrow \cdots$로 변합니다. **이 변화를 'z가 복소평면 위를 운동한다'라고 생각하는 것입니다.**

[도표 9-5]에서 z는 점점 원점에서 멀어지고 있습니다. 이를 z가 원점에서 멀어지는 방향으로 운동하는 것이라고 간주합니다.

이런 식으로 **수식을 반복적으로 적용하여 수치가 변하는(=운동하는) 상황 설정을 수학의 전문 용어로 '역학'이라고 부릅니다.**

중학교나 고등학교 수학 수업에서 서두의 수식과 비슷한 것을 본 적이 있는 사람도 있을 것입니다. 이전의 값에 따라 다음 값이 결정되는 수식을 '점화식'이라고 부른다는 것을 앞서 이야기했습니다. 프로 수학자는 이를 운동에 비유합니다.

역학의 연구를 통해 망델브로 집합이 탄생하였고, 이어서 프랙털 기하학이라는 완전히 새로운 수학의 분야가 꽃을 피운 것입니다.

비즈니스와 교육 분야에서는 '게임화Gamification'라는 용어가 있습니다. 무언가를 할 때 이를 게임에 비유하면 흥미를 지니고 임하게 되어 더 좋은 결과로 이어지기 쉽다는 사고방식입니다.

이는 수학 분야에서도 마찬가지입니다. 수식을 운동 법칙으로 비유하여 게임을 하듯이 파고든 결과, 프랙털 기하학이라는 새로운 수학 분야가 꽃을 피웠습니다.

망델브로 집합은 '결계?'

이때 '운동'이라는 관점으로 망델브로 집합을 다시 보면 재미있는 사실을 알 수 있습니다. **망델브로 집합(검게 칠해진 영역)의 안에 있는 z는 망델브로 집합의 바깥으로 절대 나갈 수 없습니다.** 반대로 망델브로 집합의 바깥에 있는 z는 망델브로 집합의 안으로 절대 들어올 수 없습니다.

그 이유는 망델브로 집합의 안과 바깥에서 하는 z의 운동이 전혀 다르기 때문입니다. 망델브로 집합의 안쪽에 있는 z는 '원점에서 멀어지지 않도록(원점 주변을 서성이도록)' 운동하며 망델브로 집합의 바깥에 있는 z는 '원점에서 멀어지도록' 운동하므로 애초에 망델브로 집합의 안과 바깥을 오가는 운동을 하는 z는 존재하지 않습니다.

판타지 장르의 이야기를 보면 요괴나 흡혈귀 등의 괴물을 '결계'에 가둔다는 묘사가 많이 등장하는데, 망델브로 집합도 결계와 같은 것이라고 볼 수 있습니다. 결계의 안에 있는 z는 절대 바깥으로 나갈 수 없으며, 반대로 결계의 바깥에 있는 z도 안으로 들어올 수 없습니다.

망델브로 집합은 말하자면 '무한으로 복잡한 형태를 한 결계'입니다. 만화의 소재가 될 법한 콘셉트 같습니다.

앞서 말했듯이 망델브로 집합은 '세계에서 가장 복잡한 도형'
이라고 부릅니다. 그렇다면 무엇을 기준으로 '세계에서 가장 복
잡하다'라는 말을 하는지 궁금해하는 이도 있을 것입니다.

이는 '프랙털 차원'이라고 부르는 수학의 개념을 기준으로 합
니다. 프랙털 차원은 도형의 복잡함을 수치화하는 지표로, 값이
클수록 복잡하다고 평가합니다.

프랙털 차원은 '차원'이라는 이름이 붙은 것을 보면 알 수 있
듯이 1차원(곡선), 2차원(평면 도형), 3차원(입체 도형) 등의 개념과
관련이 있습니다.

곡선의 위를 움직이려면 앞으로 가거나 뒤로 가는 하나의 방
향밖에 없습니다(3차원의 경우에는 여기에 좌우나 위아래의 방향이
더해집니다). 따라서 곡선은 보통 1차원이라고 보는 것입니다.

일반적으로는 3차원보다 2차원, 2차원보다 1차원 도형이 방
향이 적은 만큼 단순하다고 말할 수 있습니다. 그렇게 생각하면
곡선은 가장 간단한 도형이라고 볼 수 있습니다.

프랙털 차원은 이렇게 도형의 복잡함을 차원으로 환산하여
나타냅니다.

곡선의 프랙털 차원의 최대치는 2입니다. 이 경우는 3차원 도형은 절대 넘을 수 없지만 2차원 도형 정도로 복잡한 것은 있을 수 있다는 뜻입니다.

'곡선'이라는 말을 들었을 때 우리가 보통 떠올리는 부드러운 곡선의 프랙털 차원은 1이며, 이보다 복잡한 해안선의 프랙털 차원은 1.4 정도입니다.

그런데 망델브로 집합의 경계(검게 칠한 부분과 이를 구분하는 경계선)의 프랙털 차원은 2이며, 이는 '선' 중에서 가장 복잡하다는 것을 뜻합니다. RPG(롤플레잉 게임)로 따지면 레벨 99라고 할 수 있습니다.

경계의 프랙털 차원이 최대 2의 값을 가진다는 점 때문에 '세계에서 가장 복잡한 도형'이라고 표현할 수 있습니다.

　망델브로 집합을 그리려면 방대한 계산이 필요합니다. 그래서 컴퓨터의 능력 시험(=성능 평가)에 사용되기도 합니다. 망델브로 집합을 그리는 프로그램을 실행하여 계산까지 걸리는 시간을 측정합니다. 짧은 시간 안에 계산이 완료되면 컴퓨터는 고성능이라고 할 수 있습니다.

　이런 식으로 망델브로 집합은 단순히 학문적으로 흥미로울 뿐 아니라 여러모로 세상에 도움을 주고 있습니다.

자, 전람회를 시작하겠습니다

　망델브로 집합의 수식 $z_{n+1}=z_n^2+c$에서 z_n을 제곱하는 이유, 3제곱이나 다른 수식의 가능 여부 등이 궁금한 이도 있을 것입니다.

　물론 복소 역학의 운동 법칙으로 다른 점화식을 생각할 수도 있습니다. 실제로 수학자도 다양한 수식의 사례를 연구하고 있습니다.

　$z_{n+1}=z_n^2+c$의 수식에서는 망델브로 집합이 나타나지만 다른 수식을 도형으로 그려보면 완전히 다른 형태가 나타나는 것을 알 수 있습니다.

　몇 가지 예시를 살펴보겠습니다. 수식을 조금만 바꾸면 나타나는 도형이 아예 달라진다는 사실을 알 수 있습니다.

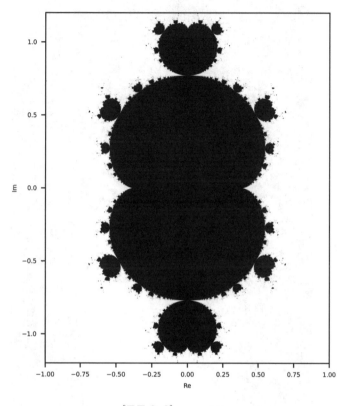

[도표 9-9] $z_{n+1}=z_n^3+c$

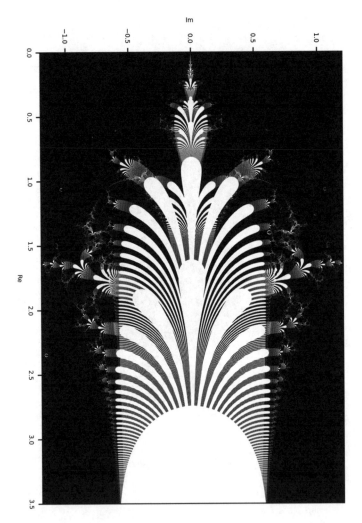

[도표 9-10] $z_{n+1}=z_n{}^{z_n}+c$

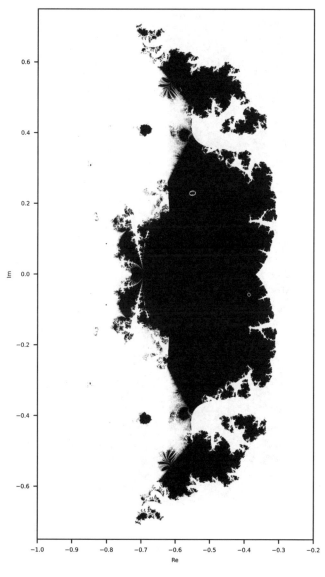

[도표 9-11] $z_{n+1}=z_n^{z_n}+z_n^3+c$

$z_{n+1}=z_n^2+c$ $z_1=0$ **279**

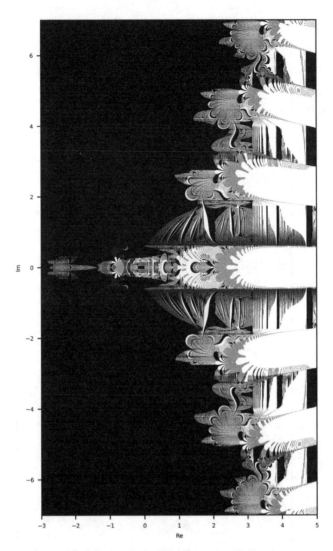

[도표 9-12] $z_{n+1} = \tan(\mathrm{Re}(z_n \uparrow \uparrow 5)) + c$

주석 : $\uparrow$ 는 '커누스 윗화살표'라고 부르며 $[z_n \uparrow \uparrow 5]$는 $[z_n$의 z_n승의 z_n승의 z_n승의 z_n승]이라는 뜻이다. $\mathrm{Re}(\ )$는 복소수의 실수 부분을 추출하는 것을 나타낸다. 따라서 $\mathrm{Re}(a+bi) = \mathrm{atan}(\ )$는 삼각함수의 탄젠트를 나타낸다.

모든 도형이 전위적인 예술 작품처럼 보이기도 하는데, 도형 아래에 적힌 수식을 통해 제가 그린 것들입니다.

저는 [도표 9-9]가 선인장, [도표 9-10]은 왕관, [도표 9-11]은 날개를 펼친 나비, [도표 9-12]는 성처럼 보입니다. 여러분은 그림을 보고 무엇이 떠오르시나요?

나오며

이 책을 시작하며 이야기한 공식을 기억하시나요?

수식 독해력 = 창조성

세계를 바꾸는 발명과 발상의 이면에는 수식이 숨어 있는 경우가 정말 많고, 세상을 바꾸는 인공지능도 여기에 해당합니다. 바로 얼마 전까지 사람들은 컴퓨터가 정해진 태스크만 수행할 수 있고 창조적인 일은 인간이 하는 것이라고 생각하였습니다. 그러나 그 상식이 현재는 무너지고 있습니다.

새로운 기획의 아이디어, 인재 교육의 방침 등을 ChatGPT에 물어보는 사람이 늘어나고 있습니다. 그리고 ChatGPT의 대답은 일부 컨설턴트가 직업을 잃어버릴 위험을 느낄 정도로 질이 높다고 합니다.

저도 최근에 재미 삼아서 ChatGPT에 '○○○사(제가 근무하는 기업)를 칭찬하는 J-POP 가사를 작성해 주세요'라고 입력하였더니 느낌이 상당히 좋은 가사가 몇 초만에 나왔습니다. 창조적인 태스크를 기계가 수행하는 시대가 왔구나 하는 생각이 들어서 감동을 받았습니다.

ChatGPT는 전 세계 누구나 가볍게 이용할 수 있으므로 조금 호들갑처럼 보일 수도 있지만 이 기술을 통해서 인류 전체의 창조성이 강화될 것이라고 생각합니다.

ChatGPT나 그림을 그리는 AI에는 고도의 수학 이론이 학습되어 있으며, 말 그대로 그 자체가 수식의 덩어리와 같은 존재입니다. '수식 독해력=창조성'이라는 공식은 엄청난 기세로 더 강력해지고 있습니다.

또한 이들의 구조는 매우 복잡하지만 기본적으로 AI는 인간의 뇌의 사고 능력을 수학적으로 모델화하여 개발되었습니다. 대략으로 말하자면 이 책의 Chapter 1에서 나온 내용의 심화 형태입니다. 인간의 뇌가 지닌 창조성을 수식을 통해 추출하고 기계에 이식하여 ChatGPT와 그림을 그리는 AI가 탄생하게 된 것입니다.

ChatGPT를 탄생시킨 것은 OpenAI라고 부르는 미국의 기업입니다. 기술자를 비롯한 AI 전문가들이 수식을 통하여 인간 사고의 본질을 밝혀내려는 과정에서 ChatGPT가 탄생하였고, 이를 통해 인류 전체의 창조성이 더욱 강화되었습니다.

이후로도 수식은 인류가 창조성을 발휘하기 위한 최강의 도구로써 세상을 바꾸어 나갈 것입니다.

이 책을 통해서 일관되게 전달하고 싶었던 것은 **수식은 본질을 꿰뚫어 보는 강력한 도구**라는 사실입니다. 이는 이과 계통의 사람과 데이터 사이언티스트에 한정된 이야기가 아니라 모든 사람에게 해당하는 이야기입니다.

이 책에서 소개한 사례는 수식이 창조적인 발명과 발견으로 이어진 극히 일부에 불과합니다. 이외에도 사물의 본질을 꿰뚫는 수식이 세상에는 무수히 많이 존재합니다.

거부감은 잠시 옆에 두고 이러한 수식을 보면 간결함과 아름다움, 숨겨진 사물의 본질에 놀랄 것입니다.

그리고 무엇보다 이 책을 선택해 주시고 읽어주신 독자 여러분에게 진심으로 감사드립니다.